国家出版基金项目
NATIONAL PUBLICATION FOUNDATION
"十二五"国家重点图书出版规划项目

中国地理百科
CHINA 地理百科

GEOGRAPHY ENCYCLOPEDIA

U0209614

中国出版集团

世界图书出版公司
广州·上海·西安·北京

顾问委员会

中国地理百科
CHINA GEOGRAPHY ENCYCLOPEDIA

自然·经济·历史·文化

腾冲火山群

中国地理百科丛书编委会　编著

李金辉　蒲　亮　撰

中国出版集团

世界图书出版公司
广州·上海·西安·北京

图书在版编目(CIP)数据

腾冲火山群/中国地理百科丛书编委会编著. —广州：世界图书出版广东有限公司，2014.11

（中国地理百科）

ISBN 978-7-5100-8850-6

Ⅰ.①腾…　Ⅱ.①中…　Ⅲ.①火山—介绍—腾冲县　Ⅳ.①P317

中国版本图书馆CIP数据核字（2014）第255362号

中国地理百科 CHINA GEOGRAPHY ENCYCLOPEDIA　**腾冲火山群**
TENGCHONG HUOSHANQUN

本册主编： 李平日
本册撰稿： 李金辉　蒲　亮

项目策划： 陈　岩
项目负责： 陈名港
责任编辑： 钟加萍
责任技编： 刘上锦
装帧设计： 唐　薇

出版发行： 世界图书出版广东有限公司（地址：广州市新港西路大江冲25号）
制　　作： 广州市文化传播事务所
经　　销： 全国新华书店
印　　刷： 广州汉鼎印务有限公司
规　　格： 787mm×1092mm　1/16　13印张　317千字
版　　次： 2014年11月第1版
印　　次： 2014年11月第1次印刷
书　　号： ISBN 978-7-5100-8850-6/K·0227
定　　价： 49.90元

　　"一方水土养一方人"，这是人—地关系的中国式表述。基于这一认知，中国地理百科丛书尝试以地理学为基础，融自然科学与社会科学于一体，对中国广袤无垠的天地之间之人与环境相互作用、和谐共处的历史和现状以全方位视野实现一次全面系统、浅显易懂的表述。学术界在相关学科领域的深厚积累，为实现这种尝试提供了坚实的基础。本丛书力图将这些成果梳理成篇，并以读者所乐见的形式呈现，借以充实地理科普读物品种，实现知识的"常识化"这一目标。

　　为强化本丛书作为科普读物的特性，保持每一地理区域的相对完整和内在联系，本丛书根据中国的山川形胜，划出数百个地理单元（例如"成都平原""河西走廊""南海诸岛""三江平原"等），各地理单元全部拼合衔接，即覆盖中国全境。以这些独立地理单元为单位，将其内容集结成册，即是本丛书的构成主体。除此之外，为了更全面、更立体地展示中国地理的全貌，在上述地理单元分册的基础上，又衍生出另外两种类型的分册：其一以同类型地理事物为集结对象，如《绿洲》《岩溶地貌》《丹霞地貌》等；其二以宏大地理事物为叙述对象，如《长江》《长城》《北纬30度》等。以上三种类型的图书共同构成了本丛书的全部内容，读者可依据自己的兴趣所在以及视野幅宽，自由选读其中部分分册或者丛书全部。

　　本丛书的每一分册，均以某一特定地理单元或地理事物所在的"一方水土"的地质、地貌、气候、资源、多样性物种等，以及在此间展开的人类活动——经济、历史、文化等多元内容为叙述的核心。为方便不同年龄、不同知识背景的读者系统而有效地获取信息，各分册的内容不做严格、细致的分类，而只依词条间的相关程度大致集结，简单分编，使整体内容得以保持有机联系，直观呈现。因此，通常情况下，每分册由4部分内容组成：第一部分为自然地理，涉及地质、地貌、土壤、水文、气候、物种、生态等相关的内容；第二部分为经济地理，容纳与生产力、生产方式和物产等相关的内容；第三部分为历史地理，主要为与人类活动历史相关的内容；第四部分为文化地理，收录民俗、宗教、文娱活动等与区域文化相关的内容。

本丛书不是学术著作，也非传统意义上的工具书，但为了容纳尽量多的知识，本丛书的编纂仍采用了类似工具书的体例，并力图将其打造成为兼具通俗读物之生动有趣与知识词典之简洁准确的科普读本——各分册所涉及的广阔知识面被浓缩为一个个具体的知识点，纷繁的信息被梳理为明晰的词条，并配以大量的视觉元素（照片、示意图、图表等）。这样一来，各分册内容合则为一个相对完整的知识系统，分则为一个个简明、有趣的知识点（词条），这种局部独立、图文交互的体例，可支持不同程度的随机或跳跃式阅读，给予读者最大程度的阅读自由。

总而言之，本丛书希望通过对"一方水土"的有效展示，让读者对自身所栖居的区域地理和人类活动及其相互作用有更全面而深入的了解。读者倘能因此而见微知著，提升对地理科学的兴趣和认知，进而加深对人与环境关系的理解，则更是编者所乐见的。

受限于图书的篇幅与体量，也基于简明、方便阅读等考虑，以下诸项敬请读者留意：

1. 本着求"精"而不求"全"的原则，本丛书以决定性、典型性、特殊性为词条收录标准，以概括分册涉及的知识精华为主旨。

2. 词条（包括民族、风俗等在内）释文秉持"述而不作"的客观态度。

3. 本丛书以国家基础地理信息中心提供的1∶100万矢量地形要素数据（DLG）为基础绘制相关示意图，并依据丛书内容的需要进行标示、标注等处理，或因应实际需要进行缩放使用。相关示意图均不作为权属争议依据。

4. 本丛书所涉省（自治区、直辖市、特别行政区）、市（地区、自治州、盟）、县（区、市、自治县、旗、自治旗）等行政区划的标准名称，均统一标注于各分册的"区域地貌示意图"中。此外，非特殊情况，正文中不再以具体行政区划单位的全称表述（如"北京市朝阳区"，正文中简称为"北京朝阳"）。

5. 历史文献资料中的专有名词及计量单位等，本丛书均直接引用。

这套陆续出版的科普丛书得到不同学科领域的多位专家、学者的悉心指导与大力支持，更多的专家、学者参与到丛书的编、撰、审诸环节中，大量摄影师及绘图工作者承担了丛书图片的拍摄和绘制工作，众多学术单位为丛书提供了资料及数据支持，共同为丛书的顺利出版做出了切实的贡献，在此一并表示感谢！

囿于水平之限，丛书中挂一漏万的情况在所难免，亟待读者的批评与指正，并欢迎读者提供建议、线索或来稿。

中国地理百科丛书编委会

中国地理百科 GEOGRAPHY ENCYCLOPEDIA 目录

二 经济地理

三 历史地理

四 文化地理

《腾冲火山群》

区域地貌示意图

中国第一火山区

这里堪称中国西南最具特色的地理区域：随处可见的火山口悄然兀立；遍布区内的地热沸腾不息；与火山相关的熔岩台地、玄武岩地貌、火山湖等广布……这里被誉为中国第一火山区，因火山主要分布于腾冲境内，故又称"腾冲火山群"。它是地壳活动对本区的馈赠：根据大陆漂移学说，大约2亿年以前，盘古大陆破裂漂移，形成了今日地球上的六大板块。其中的印度洋板块向亚欧大陆板块漂移俯冲，孕育了岩浆、地层断裂等地质奇观，并最终在它们急剧聚敛的接合线上，构造出这方雄浑、瑰丽、神奇的土地。为更合理地展示这片火山地貌的全景，本书将其所在的地理空间适当扩大，就行政区划而言，包括云南保山的隆阳、腾冲、施甸、龙陵北部和昌宁大部分，以及德宏的梁河，总的国土面积超过1.9万平方千米，常住人口超过250万人（据2010年第六次全国人口普查主要数据）。

从大地貌上看，本区地处横断山脉的南延区域，地势从西北向东南逐渐降低，高黎贡山、怒山、云岭等三大北南纵列的巨大山脉的余脉自西往东依次排开；伊洛瓦底江上游的龙川江、怒江、澜沧江3条大江从这些巨大山脉的夹峙中奔流而出，从北向南纵贯全区。随着三大山脉的逐渐降低与发散，3条水系亦逐渐舒展开来，从而在本区中南部形成独具特色的"帚形"山脉与水系，把这片土地切分成沟壑纵横之状貌，中山、低山、火山锥、台地、谷地等各种地貌各就各位，近百个大大小小的坝子如一块块美玉镶嵌在山水之间，其间点缀着石林、溶洞等岩溶地貌。

无疑，火山地貌才是这片区域的主角。这片火山区位于阿尔卑斯一喜马拉雅特提斯构造带东段的腾冲变质地体之内，因为地下断层十分发育，岩浆活动剧烈，故而形成了形态类型多样的火山地貌：境内有休眠期火山90多座，其中火山口保存较完整的有20多座，火山堰塞湖、火山口湖、熔岩堰塞瀑布、熔岩巨泉等各类景观群集，构成中国规模最大的"休眠期天然火山博物馆"。同时，强烈的火山活动也为此处提供了丰富

千百万年前，频繁的喷发

活动在腾冲地区造就了无数火山，经过风化侵蚀后，图中所示的"无头"火山锥在这片土地上比比皆是。

①

腾冲地区的火山虽处在休眠期，但对人类的影响还在继续：火山灰演变成肥沃的土壤，使山间平坝成为宜耕宜居之地（图①）；丰富的地热资源又为本区旅游业做出重要贡献（图②）。凭借区位优势，这里自古就是商帮的必经之地（图③），的热源，使这里有幸成为中国三大地热区之一，数以万计的泉眼和温泉、沸泉群，形形色色的高温高压喷泉、汽泉与火山相伴生。

　　复杂的构造体系、频繁的火山活动，为本区矿产资源的生成提供了优良的地质条件，铁、钛、铅、锌、锡、铜、铍、硅藻土、硅灰石、硅石、高岭土、大理石等近30种矿产在此富集；主要非金属矿产有煤、硅藻土等，其中已探明硅藻土储量上亿吨。此外，金、银、钼等贵重金属也有相当储藏量，是名副其实的富矿带。同时，火山活动后期堆积的大量富含有机质的肥沃土壤，也使这里成为中国西南部农耕文明较为发达的区域之一——粮、糖、茶、烤烟和优质香料等产量巨大，甘蔗、胡椒、荔枝、龙眼等经济作物飘香国内外，荣获国际金奖的小粒咖啡享誉世界，是货真价实的"高原鱼米之乡""滇西粮仓"。

　　从气候类型来看，这里处于东南季风和西南季风的双重控制之下，北有青藏高原为屏障，冷空气不易侵袭；南有孟加拉湾暖湿气流补充，雨量充足；加之日照充足，冬无严寒、夏无酷暑，"野花四时红，古树终年绿"。区内海拔最高3780.9米、最低535米，加上地貌组合多样，

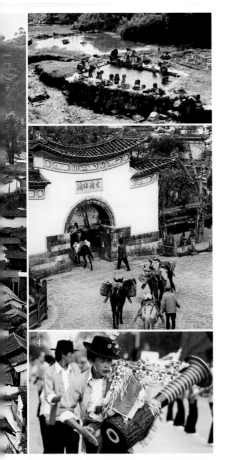

同时它还是诸多文化相互交融的大观园，例如象脚鼓舞就流传于多个民族中（图④）。

地势高低悬殊，许多地区呈现出"一山分四季，十里不同天"的立体气候特征，在垂直几千米的距离内，涵盖了北热带、南亚热带、中亚热带、北亚热带、南温带、中温带和高原气候共7种气候类型，其气候与自然景观的变化相当于广东至黑龙江所经历的物候变化，这为各种各样的植被发育创造了条件。区内干热河谷稀树灌草丛、亚热带季风常绿阔叶林、亚热带半湿润常绿阔叶林到温带中山湿性常绿阔叶林、山顶苔藓矮林、寒温性竹林、寒温性灌丛、寒温性草甸等各植被类型齐全。目前已查明的植物有2000多种，其中高等植物1400多种。秃杉、树蕨、楠木等世界珍稀树种在此密布，是名副其实的"天然植物园"和"稀有植物避难所"。同时，丰富的植被带又为各种野生动物提供了良好的生存条件。已知的有兽类150余种，鸟类400多种，两栖动物20多种，爬行类动物50多种，鱼类近50种，昆虫1600多种。各类珍稀动物如扭角羚、蜂猴、绿孔雀、白眉长臂猿、白尾梢虹雉、红腹角雉等在这里繁衍生息。

在这片哀牢国的故地，"边地"的地理标签，中原文化与边地少数民族文化、异域文化的事实存在，与多样化的自然生态相叠加，从而衍生出丰富多彩的历史及人文景象。作为边地，这里是中、印两大世界古代文明古国的交会枢纽——东来的南方丝绸之路，到此后横穿三江走廊再走向缅、印，并可通往欧洲，是人口、文化、商品的集散地，自古有"殊方异域"之称，今所存侨乡文化、翡翠文化是为注脚；这里自古就是一个多民族聚居的地区，从七八千年前的蒲缥人、姚关人，到随后迁来的百越民族、氐羌民族以及中原汉族，经过几千年的碰撞与融合，本区逐渐发展成汉、彝、白、苗、傣、回、佤、傈僳、景颇、阿昌、布朗、德昂等20多个民族的聚成区，在自然分割而成的坝子里"乐其居，安其俗"。安居于此的各个族群，创造了五彩缤纷的民俗文化：承载着中原汉风的和顺古镇与独具特色的施甸布朗族村落交相辉映；发源于汉地的洞经古乐、皮影戏、花灯、板凳龙与佤族的清戏，傣族的嘎光、傣戏，布朗族的打歌，傈僳族的"上刀山、下火海"，阿昌族的阿露窝乐节等欢娱大地；傣族的《金孔雀》、傈僳族的《过年调》《盖房调》与汉族的《阳温暾小引》等一大批叙事长诗洗涤了边地的蛮荒……一切都已在历史的时光里融为一体——一个形象的说法是，这里"饭桌一摆，酸摆夷，苦傈僳，香崩龙（德昂），另有景颇'撒撒'，汉族'八大碗'"……凡此种种，堪称"人类学的奇境"。

中国地理百科 CHINA 地理百科 GEOGRAPHY ENCYCLOPEDIA 一 自然地理

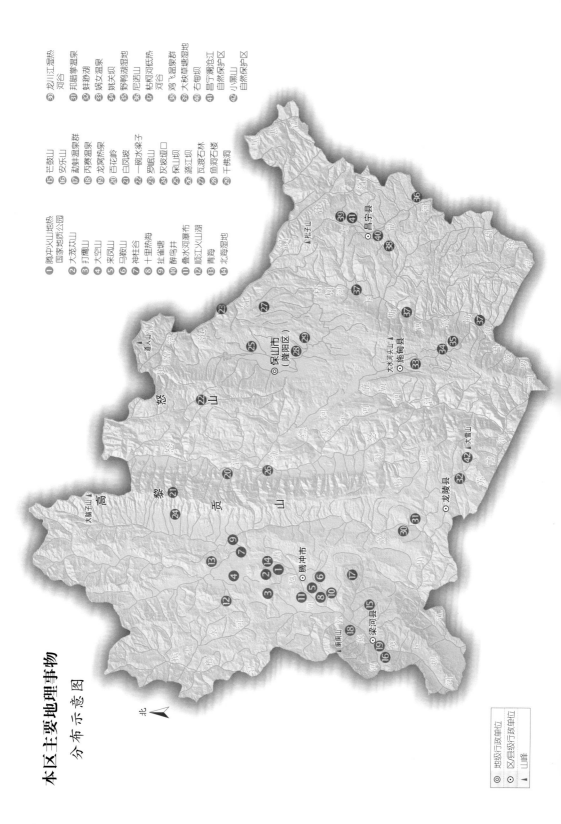

滇西纵谷南端

所谓滇西纵谷，指的是横断山脉的纵谷区，由高黎贡山、怒山、云岭等高大而狭窄的山脉与怒江、澜沧江等河流的深切河谷相间排列而成。保山所在的区域，是滇西纵谷的南段部分，西为高黎贡山、中属怒山山脉、东与云岭接壤，怒江峡谷贯穿全境，澜沧江河谷则在东侧与之并排而列。整体地势自西北向东南延伸倾斜，呈阶梯形下降，高低悬殊，平均海拔1800米左右，最高点在腾冲的高黎贡山大脑子山，海拔3780米；最低点为龙陵县域西南部与潞西市域交界处的万马河口，海拔535米。

一般而言，山河胼列之地，往往就是地貌丰富性的展示之所。毫不例外，作为古海洋心脏部分，位居滇缅古地槽中央，拥有完备古生代地层，地质构造复杂且有"世界地质锁钥之一"之称的保山，拥有的地貌虽然在气势及规模上稍逊于滇西纵谷区北端的三江并流区，但这里高山、台地、坝子、深谷皆备，并有不输路南石林的岩溶地貌和号称"中国第一火山区"的火山地貌点缀其间，在地貌丰富性上却略胜一筹。由于低纬度高海拔和地势高低悬殊的客观存在，这里形成"一山分四季，十里不同天"的立体气候，热、温、寒3种气候俱全，植被丰富，动物种类多样，被誉为"自然植物馆""物种基因库"。

帚形山地中山山原

本区处于横断山脉滇西纵谷南段，地势主要由南北向的高黎贡山、怒山、云岭三大山脉以及怒江、澜沧江所控制，区内最高海拔3780米，最低海拔535米。山脉从北到南逐渐向东西两侧扩散出许多支系（高黎贡山主要向西扩散），受此影响，江河的流向也相应地发生改变，它们之间的距离逐渐扩大。从形态上看，无论是三大山脉还是主要河流，都呈北紧南松的"扫帚状"，是著名的帚形山地山原区。

山原，就是起伏不平的高原。在高原面上，高黎贡山、怒山、云岭山脉的众多支系山体平缓突起，并在山体间发育有大大小小的山间盆地和河流冲积台地。除了走向鲜明、山体绵密的山脉主脉和被河流强烈切割的地方相对高差可达到1000米甚至2000米外，大约12410平方千米的范围属于山原地貌。

本区内的帚形山地山原地处中山地带，海拔高度集中在1000—3500米之间。其海拔虽高，但区域内的地势差异不明显。该地貌大多分布在保山中南部地区，主要发育有红黄壤、黄壤，因地势相对平坦，气候温凉湿润，灾害又少，历来是保山人类活动和农业生产最为集中的地区。

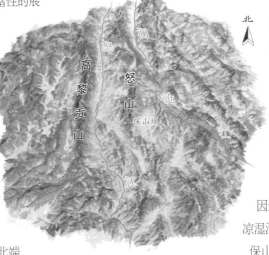

保山境内主要山脉均为南北走向，支脉向东西两侧扩散，形成帚形山地中山山原地貌。

低海拔台地

台地是介于平原和高原之间的一种阶梯状地貌，高差在一百至数百米，通常沿河谷两岸呈带状分布。

本区西部受高黎贡山南段所控制，怒江、龙川江的冲刷侵蚀，形成深切的河谷，山地与河谷间形成了巨大的地势反差，河谷再接受沉积，进而倚着高黎贡山麓、江岸两旁形成海拔较低的台地。这些台地分布于腾冲、隆阳、梁河、施甸等地。以龙川江河谷区的台地为例，它包括南北两部分：北部为上营至大丙弄长20千米、东西宽4000米的坡形谷地，海拔1100—1300米；南部为帕允至桥头街的部分区域，这一带属狭长丘陵坡地，坡度较大。值得一提的是，除了上述所说的台地，腾冲中南部还分布有较为特殊的一种台地——熔岩台地，这种类型的台地集中在火山区，呈数级展布，坡度平缓。

总体上看，这些台地海拔在600—1400米之间，规模大小不一，四周被陡直的山体所包围，是当地低海拔地带坝子的重要组成部分，其中规模最大的为隆阳西南部的潞江坝，面积达2000平方千米。这些台地土地平整，即便是熔岩台地，经过风化后，也和一般台地一样，发育有肥沃的土壤，是本区人类生活、生产的主要集中地。

断陷盆地

保山和梁河地区断裂，主要有怒江断裂、腾冲火山断裂带、龙陵—瑞丽断裂、大盈江断裂等大型断裂带以及大量的次级断裂。活动时几条平行断裂带发生断陷，然后以陷落处为"基底"，不断接受物质的沉积，就形成断陷盆地（又称地堑盆地），性质上属于构造盆地，与由冰川、流水、风和岩溶侵蚀形成的侵蚀盆地不同。

在本区域，断陷盆地是腾冲、梁河、隆阳、施甸一些较大规模的坝子和盆地的地质类型，隆阳中部的保山坝，腾冲、梁河之间的梁河盆地都是在断陷湖的基础上逐渐形成，其中梁河盆地是在古湖盆的基础上，反复接受了火山熔岩和沉积物质而形成的，它又分化为和顺坝、腾冲坝等多个大大小小的坝子。区内的断陷盆地外形受断层线控制，周围常有高耸而陡峭的断层陡崖，边界可发现比较清晰的断层线。

梁河盆地

梁河盆地面积约400平方千米，包括腾冲和梁河的一部分，系一东北—西南向的山间断陷盆地。中更新世前，盆地一带属于湖盆，后来由于断陷活动、地壳抬升等原因，又因流水沉积，最终形成盆地。腾冲西南及梁河的和顺坝、遮岛坝、勐养坝、萝卜坝等坝子的成因皆与它相同。梁河盆地沿大盈江断裂带发育，盆地两侧均受断裂控制，主要为南北向和北东向断裂，东西向和北西向断裂次之。

形成于新生代的梁河盆地长30千米，宽6000—8000米，包括腾冲及梁河的一部分，北与腾冲盆地（腾冲腾越—打苴）相邻，南与盈江盆地相接，是呈扁豆状的长条盆地。在地质上，盆地受大盈江断裂带的控制，延伸方向与断裂走向一致。

大盈江从梁河盆地中部流过。盆地内主要为槟榔江冲积、洪积相第四纪砂层、砾石层松散堆积，厚300余米，另有第四纪火山堆积，地貌上形成五级阶地，二、三级阶地比较狭窄，其他阶地较宽。一到三级阶地由砾石、粗砂及黏土构成；四级阶地可分为砾石

除火山地貌外，断陷盆地也是本区的主要地貌，盆地多呈狭长条状分布，中间地势平坦，边缘山峰连绵（上图）。其中梁河盆地因槟榔江的冲积作用，又发育有多级阶地（下图）。

层、粗砂层、细砂层、黏土层及泥炭层，含有碳化植物根系；五级阶地主要为黄色砾石层及砂砾、粗砂层。由于断裂发育，盆地内地质地貌类型丰富，有众多的温泉、沸泉、火山及火山喷发遗迹，并有频繁的地震和泥石流；锡、铀、稀有金属、稀土等富集成矿。盆地农业以水稻种植为主。

"十山九无头"

俗语云"好个腾越州，十山九无头"，说的是腾冲境内的许多山头顶部平钝、残缺，就如人没了脑袋。这种地质景观堪称云南一奇。被称为"无头山"的，都是火山。在腾冲地域，能统计出来的"无头山"就有70余座，形成时间从上新世晚期至全新世。在这些"无头山"中，比较具有代表性的有位于马站乡境的黑空山、大空山火山群。其中，打鹰山火山口直径约200米，有"火山之冠"之称。

无头山的形成过程如下：火山喷发时，岩浆从山顶喷溢而出，使山顶不断变钝，形成缺口，喷发停止后，停留在火山口处的岩浆冷却收缩，又形

火山活动对腾冲地区的自然景观影响深远，它不但造就了"十山九无头"的火山奇景，还形成了熔岩台地和火山碎屑

成凹陷的地形，故火山顶部大多是平坦或者是凹进去的，呈无头状。有些"无头山"山顶残缺没有规则，这是由于火山经历了多次喷发，火山口四周的残垣体陆续坍塌造成的。

阿尔卑斯—喜马拉雅构造带

板块构造学说认为，地壳分为几大板块，这些板块自形成之日起就不停地漂移。在白垩纪，非洲板块、印度洋板块分别脱离原来的板块并持续北移，很快就分别与亚欧板块形成犄角对峙之势，亚欧板块双拳难敌四手，最终于新生代被非洲板块、印度洋板块像楔子一样俯冲挤压，板块边缘相接之处隆升，原来属于海洋的区域形成现今世界上最大的褶皱山带——阿尔卑斯—喜马拉雅构造带。板块间的相互挤压使得板块的边缘地壳变得破碎，地质活动相对活跃，受此影响，这条绵延10万多千米的构造带上火山广布，为名副其实的火山带。西段聚集了维苏威火山、埃特纳火山、乌尔卡诺火山等众多世界著名的火山及火山群；中段则

岩，以及多姿多彩的地热资源等。

相对较弱一些；到了东段，火山活动又有所加强，与环太平洋火山链上分布在中国东部的长白山—庐江火山带、台湾火山带、小兴安岭火山带遥相呼应。

本区就处于阿尔卑斯—喜马拉雅构造带东部亚欧板块和印度洋板块结合线的东段，发育有高黎贡走滑断裂、槟榔江断裂多条断裂，区域内被分隔为腾冲、保山等小地块，且活动十分活跃，腾冲地块尤甚。新生代以来，高黎贡断裂、槟榔江断裂等相继发生走滑旋转，为火山活动提供了基础，受其影响，腾冲地块频繁发生火山爆发以及地震活动。岩浆不断从地层薄弱的地方喷溢而出，留下近百个多种类型的火山锥及火山遗迹，成为中国火山最密集的地区之一。

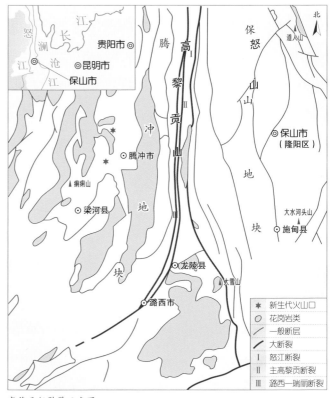

高黎贡断裂带示意图

高黎贡断裂

保山地块与腾冲地块之间，存在一条全长约800千米的巨大边界断裂带，即高黎贡断裂带。这条断裂由3个大致平行的断裂组成：东支为怒江断裂，大致沿怒江的河道延展，喜马拉雅运动后期活动强烈；西支为潞西—瑞丽断裂，沿高黎贡山西侧延展；居中的叫主高黎贡断裂，近南北走向，沿高黎贡山分水岭延伸。

高黎贡断裂是因亚欧板块和印度洋板块碰撞挤压而形成，形成以来右旋走滑频繁而强烈，尤其是在渐新世到中新世期间，存在两个走滑活动的高峰。自走滑活动以来，至今已错动50—100千米。在强烈的压扭应力的作用下，原岩发生错动、研磨、粉碎，并塑变成动力变质岩，在高黎贡断裂带内留下了宽数千米的糜棱岩带。

被高黎贡断裂分隔开的保山地块与腾冲地块，地质差异很大。保山地块构造相对简单，以沉积过程为主，出露早古生代的砂岩、粉砂岩、泥质灰岩和灰岩；而腾冲地块内部发育了一系列的构造变形带，变质作用强烈，上新世以来，火山喷发频繁，主要出露花岗岩，在腾冲、龙陵、梁河一带留下众多火山遗迹，且温泉发育。

"世界地质钥匙之一"

2亿年前，保山和梁河地

区属于古地中海海槽的一部分，古代海洋生物异常丰富。后来亚欧板块和印度洋板块发生碰撞，使本区地壳抬升，逐渐成为陆地，也使地质构造发育，分为腾冲、保山等多个地块，怒江断裂、腾冲火山断裂、龙陵—瑞丽断裂、大盈江断裂等断裂带纵横交错，地块、断裂带之间的离散和聚敛从未停止，终于在新生代于腾冲地块发生频繁而剧烈的火山活动，留下丰富的熔岩台地、柱状节理、浮石等火山遗迹以及一系列的火山附生地质。在隆阳、龙陵、施甸、昌宁等地，虽然少有火山爆发，但是地震活动同样频繁。幸运的是，即使在断裂构造发育的情况下，在施甸仍然有个别地方一直以来免遭破坏，因而许多地层都得以保存下来，包括前寒武纪、奥陶纪、志留纪、泥盆纪、石炭纪等时期的地层，并发现有奥陶纪至泥盆纪繁衍于古海洋的中国海林檎等生物化石。

上述为数众多的火山遗迹和火山附生地质、分布在地震带上的可监测地震的"地球的一个穴位"——邦腊掌温泉，以及保存了古地理环境信息的施甸地质剖面和生物化石等来自地球深处的信息，使保

山和梁河地区犹如一本厚重的地质史志，成为研究地球的演化历程和沉积环境变化的主要场所，并成为打开世界地质宝库、了解地质发展演变的金钥匙之一。

火山附生地质

作为一种强烈的地质构造运动，火山活动往往不是单独存在的，当火山喷发之时，大量的气体、岩浆、碎屑物从地底喷薄而出，火山周围的环境往往也随之发生改变，形成火山附生地质。其中最为典型的便是地热的涌现。

在腾冲火山群地区，历史上火山喷发频繁，残留在地下的火山热源不仅具有较高的温度，而且往往含有大量的硫黄、硼砂等矿物质，当火山及其周围的地下水源被加热到一定程度，便沿着火山喷冲开的地面孔隙流出地表，从而形成明显且丰富的火山附生地质景观——沸泉、热泉、温泉、间歇喷泉、喷气孔、冒气地面、毒气孔、热水泉华、热水爆炸等。其中以沸泉、热泉、温泉和汽泉的数量最多、规模最大，这些地热泉水的差异很大，温度从20—100℃不等，且形态各异，有的缓缓而出，有

的则喷出地表后形成10余米高的水柱。由于所含矿物成分不同，这些地热泉又形成内容丰富、五颜六色的泉华景观，如泉华台地、泉华堤、泉华鹅管等。

地热富矿带

新生代是腾冲火山活动最为频繁的时期之一，在腾冲大地上留下了丰富多样的地质景观，其中包括高温喷气孔、喷气地面、喷沸泉、沸泉、热泉、碳酸泉、毒汽泉、间隙喷泉和水热爆炸等各种火山地热景观。这些地热景观与腾冲火山群地区天然的地热流体活动有关。本区地处亚欧板块与印度洋板块的陆陆碰撞的弧后高温带，不仅板块构造运动强烈，而且第四纪火山岩分布集中，深部岩浆活动频繁。受此双重影响，腾冲火山群地区天然地热流体活动数量多、强度大且种类齐全，成为滇西高温水热活动最强烈的地区。

区内目前发现的地热活动区有64处，每年流出的热水量逾1.6亿立方米，热水、热气挟带出的热量达8.4万亿焦耳，地热能十分充盈。其中，腾冲—梁河地区属过热水—高温热水带，热储温度145—200℃，基

热水泉华是腾冲火山附生地质景观中颇具特色的一种，按成分可分为钙华、硅华、硫华和盐华等。上图展示了本区几种因成分不同而致色彩各异的热水泉华景观。

础深度600—800米，内有沸泉、冒气地面、喷沸泉；著名的热海热田面积达8.5平方千米。因此，从能源储量的角度看，本区域堪称中国地热资源的"富矿带"。

热水泉华

腾冲水热资源丰富，具有为数不少的温泉群。这些温泉还深藏在地下时，不仅接受了热源的能量升温，也从含水层和水流通道中溶解一些矿物成分，在地下压强大、温度高的环境下，泉水中的矿物成分含量高；涌出地面时气压骤然降低，温度也有所下降，泉水的溶解度变小，一些矿物成分便从水中释放出来，沉淀在出水口周围，形成泉华。

这些泉华千姿百态，在泉孔、气孔周边环境的影响下，形成泉华溶洞、泉华瀑布、泉华蘑菇等小地貌。按照主要成分的不同，又可分为钙华、硅华、硫华和盐华等种类。其中硫华分布最为广泛，典型的如黄瓜箐—硫黄塘一线。硫华呈黄色，或随蒸汽腾空冷却后结晶，或在水中氧化后结晶，以硫黄结晶体的形式呈现，这种泉华的规模庞大，甚至富集成矿，如硫黄塘大滚锅和黄瓜箐

热气沟，大块的硫黄体常见。硫华是找寻高温地热资源的重要标志之一；钙华主要分布于热水区的一、二级阶地及河漫滩上。它是含碳酸氢钙的地热水接近及出露于地表时，因二氧化碳大量逸出而形成碳酸钙的化学沉淀物，矿物成分主要为方解石和文石。钙华的形态繁多，有泉华柱、泉华锥、泉华丘、泉华扇、泉华台地等，也有个别的形成泉华洞、天生桥；硅华多出现在沸泉区或者热泉区，它的小地貌表现为硅华台地、硅华丘和脉状硅华体，但与其他矿物混合，呈白、灰、黑、青、红等多种颜色，盐华较少见，多呈薄层状的白色沉积。

胡焕庸线

提到中国人口的分布，不得不提起"胡焕庸线"，也就是"瑷珲—腾冲线"（或作"爱辉—腾冲线""黑河—腾冲线"）。这条线的发现者是中国人文地理学家胡焕庸。他根据1933年中国分县人口统计，于1935年发表了中国第一张人口等值线密度图，提出从爱辉（今黑河）到腾冲的斜线，是中国人口疏密的突变线。当时4亿多的中国人口，有96%居住

在面积占36%的东半壁，而仅有4%居于面积占64%的西半壁。这条线被国际地理界称为"胡焕庸线"，简称"胡线"。到2000年，此线东西人口的比例为94：6，变化不大。以此为界，东部农业文明发达，西部则是一派游牧景观。

这条连接黑河与腾冲的直线，与秦岭—淮河线、南岭线、阴山线、贺兰山线一样，是中国十分重要的地理环境分界线，它基本上和中国400毫米等降水量线即半湿润区和半干旱区分界线相重合。分界线两边气候、地理迥异：东南气候湿润，平原、水网、丘陵、中低山、岩溶和丹霞地貌是主要的地理结构；西北气候干旱，是草原、沙漠和雪域高原的天下。"胡焕庸线"沿线一带作为中国重要的生态屏障，具有涵养水源、净化空气、减少水土流失、控制风沙东移、减轻洪涝的功能，但是滑坡、泥石流等地质灾害频发，是生态的脆弱地带，是中国重要的地理分界线。

胡焕庸线示意图。

温凉山区

由于保山及梁河地区地处中国低纬山地，大部分地区属亚热带季风气候，较大的太阳高度使得海拔1600—2400米的山地上，年平均温度在11—16℃，最低月1月平均气温8.5℃，最高月7月平均气温20.7℃，年降水量1000毫米以上，无严寒酷暑，湿度适宜，称为温凉山区。温凉山区内除了高黎贡山、怒山、云岭主脉与被河流强烈切割的地方相对高差较大外，大部分地区为其支脉与山间盆地相间分布的山原地貌，这些山体相对高差不大，是保山山地中山山原的主体。

因地势不平，温凉山区内居民多依山傍水建立村寨散居，人口聚集程度不高，是区域内少数民族的聚居地。其适宜的气候，是许多物种的生长繁殖的天堂，各种原始的、次生的森林随处可见；大树杜鹃、红花木莲、白眉长臂猿、剑嘴角鹛等珍稀动植物在此呈集中分布的状态。同时，由于山区终年云雾缭绕，土壤肥沃且偏酸性，非常适合茶树生长，种茶历史悠久，是著名的茶叶生产地，山上上百年的古茶树数不胜数。

"最适合人类居住的地方"

保山及梁河地区地处中国地势第二级阶梯与第一级阶梯交界处的横断山脉西南边缘，受高黎贡山、怒山、云岭以及龙川江、怒江、澜沧江等几大南北向的山脉和水系所控制，山峰和峡谷的相对高差达3000多米。境内虽然有如怒江、澜沧江的峡谷等难以逾越的险要之处，但毕竟险地只是少数——区内更多的是起伏不平但高差不大的山原、山原上低矮的丘陵、大大小小宜于农耕的平坦坝子、火山熔岩台地等适宜人居的地貌。

保山及梁河地区背靠青藏高原、面临印度洋的地理位置，使之能充分接受由西南而来的孟加拉湾暖湿气流，同时

本区地处低纬度温凉山区，自然资源丰富，是理想的人居环境。

又能避免北方干冷空气的侵入，区内因此水热充沛、冷热相宜，虽有热、温、寒三带分布，但大部分地区冬无严寒，夏无酷暑，四季如春，配合悬殊的地势差异，生存于不同气候区域的动植物皆汇聚于此，形成物种资源的大宝库，营造了优良的生态环境。同时，这里还有丰富的铜、铁、铀、锡、金、银等矿藏，通达四方的交通，宜于人居的地貌，四季如春的气候条件，丰富多样的资源等，使本区被誉为"最适合人类居住的地方"。

正因如此，七八千年前就有蒲缥子人在这里聚居，并在其后数千年来又吸引了南方的百越人和北方的氐羌人辗转到此定居。

高黎贡山南段

即高黎贡山的保山段，属横断山的西支山地，在本区地跨腾冲、隆阳、龙陵境。自北而南走向的高黎贡山，在泸水的六库以上，平均海拔4000米以上，山体东西宽达30千米以上，表现为山岭、河谷相间的地貌，但从六库至腾冲之间，受断裂控制，山体变得狭长，宽度多在20千米以下（至龙陵镇安北，东西宽度仅15千米），高度亦逐渐下降，山脊线海拔多在3200—3780米。在腾冲大脑子山以南山体西侧，发育界头、腾冲、芒棒等盆地。从山脊到盆地内部，地势呈阶梯状下降，盆地低处海拔1300米，与山脊高差达2480米，表现为盆岭地貌；而山体东侧的怒江河谷也变得更加宽阔。其线形延伸的山体至龙陵镇安以南，变为平缓起伏的面状高地，海拔高度进一步降低到2000米左右。主脉延伸至龙陵牛场坡后分为两支：一支向南，领怒江峡谷西侧的大雪山、雪山、小黑山、牛峰包山等；另一支西行直至入缅甸后消失。

高黎贡山南段东、西坡地势相异，表现为东缓西陡，因而山体不对称。以高黎贡山山

本区地貌复杂，山地、河谷受断裂影响呈南北走向相间分布，以高黎贡山深谷地带的海拔最为悬殊（上图）。怒江沿其山脚一路奔流，到达隆阳境内，河谷地貌起伏趋于平坦（下图）。

脊为界，东坡发育着近90条呈平行状汇入怒江干流的小河溪流；西坡分为南、北两个流域，北部为恩梅开江支流脑昌卡河的上源，小江流域呈树枝状水系结构，而南部为龙川江及其支流的明光大河、四道河、大河、小田河、扑伦河等，水系呈羽状。

就地质而言，高黎贡断裂沿山体而行，东侧为保山地块，西侧为腾冲地块，中生代新特提斯洋的闭合，导致两个地块沿现今的班公湖—怒江一线发生拼接，高黎贡山—怒江带则是该缝合线的南延部分。在活跃的新构造运动等影响下，山体岩石发育多样，主要由有片麻岩、片岩、板岩、千枚岩为主组成的变质岩系，以及印支燕山晚期到喜马拉雅早期的花岗岩。

受到山谷相间排列、地势高低悬殊的影响，山间形成立体气候，它与雨水等多种因素共同作用于各岩层上，形成了相当于亚热带到寒温带的所有土壤类型，呈现明显的土壤垂直谱带，但东、西两坡存有差异：东坡自怒江河谷（820米）至山顶（3250米）的森林土壤类型依次为褐红壤、黄红壤、黄棕壤、棕壤、暗棕壤、亚

高山灌丛草甸土；西坡各土壤类型的分布高度比东坡高，从1740米起往上分别为黄壤、黄棕壤、棕壤、暗棕壤、亚高山灌丛草甸土。

多样的气候、土壤类型，孕育了这里多元化的植被：在中国植被区划上，它属南亚热带季风常绿阔叶林和中亚热带常绿阔叶林带的交错地区，表现为明显的过渡特征，植被具有明显的水平地带性和垂直分布规律，由下至上形成热带季雨林、亚热带常绿阔叶林、落叶阔叶林、针叶林、灌丛、草丛、草甸等山地垂直植被类型。

怒江（保山段）

发源于唐古拉山南麓的怒江自西北向东南纵贯青藏高原区、横断山纵谷区和云贵高原区，汇入缅甸后称萨尔温江，最后在毛淡棉注入印度洋的安达曼海。与澜沧江一样，怒江也是云南三大国际性河流之一，为保山境内极为重要的一条大江。

自怒江泸水进入保山境内，怒江在高黎贡山和怒山的夹峙下，自北向南奔向芒宽、道街、等子、碧寨、酒房、勐糯、木城等乡镇，在施甸旧城大山村接纳勐波罗河后，折向西

南，继续奔腾，在保山境内流程达252千米，沿途接纳蒲缥河、勐波罗河、南汀河等支流，径流面积1.05万平方千米。径流主要来源于充沛的降水，其次为上游的融雪补给。

相对于险峻的上游，怒江保山段地处横断山脉滇西纵谷南段，地势由北向南逐渐变缓，河谷宽窄不一。怒江进入隆阳境内后，怒号的江水逐渐变得平缓起来，河谷宽阔，形成大片冲积扇，发育有罗明坝、潞江坝等平坝，以及沿江最广阔的"怒江第一滩"——望兔峡沙滩。沿江地带还分布有深切的河谷、台地，较为特殊的有怒江峡谷内的干热河谷。由于地理、气候条件优越，这些河谷或坝子往往成为粮食产地。

气候类型多样

保山和梁河地区气候多样，在狭小的地带内就包含了数个气候带类型。该区域介于北纬24°08'—25°51'之间，在中国亚热带气候区划的范围内；西南面的缅甸、孟加拉国的地势海拔多在400米以下，印度洋的暖湿气流能畅通无阻地进入境内，并在境内形成丰富的降水，而北部的青藏高原如

同天然的屏障，既留住了暖湿气流，也阻挡了北方干冷空气的侵袭；同时，本区相对高差3000多米，巨大的地势差异使得随着海拔高度的变化水热条件明显不同，呈现出不同的气候类型。气候变化最为显著的是腾冲、隆阳之间的高黎贡山脉一带，低处的河谷相对干燥炎热，山腰温暖湿润、云雾升腾，山顶寒气逼人，甚至为冰雪覆盖，自下而上共有北热带，南、中、北亚热带，暖温带，凉温带，亚寒带及寒带等多种气候类型。

不同的气候条件孕育了多样的植被类型：干热河谷稀树灌木草丛、热带雨林、季风常绿阔叶林、半湿润常绿阔叶林、中山湿性常绿阔叶林、暖性针叶林、山顶苔藓矮林、寒温性针叶林、寒温性竹林、寒温性灌丛、草甸等皆有分布，分别适应热带、亚热带、温带和寒带气候的生物在同一座山上比邻而居。"一山分四季，十里不同天"的气候，也为本地的作物种植提供了丰富的条件，在干热河谷的潞江坝，小粒咖啡、香蕉、荔枝、龙眼、人参果、蛋黄果等热带、亚热带经济作物应有尽有；保山坝等温和坝区，盛产稻米、苞谷、

小麦、蚕豆及蚕桑；而温凉山区则是优质茶叶的生产场所。

红壤

保山和梁河地区海拔高度差异大，地质、水文、地形复杂，受气候和植被差异的影响，发育的土壤类型丰富，共有13个土类、28个亚种、69个土属、41个土种。这些土壤随着经度、纬度呈规律分布，按照海拔的变化，自下而上大致分布有赤红壤、红壤、黄红壤、黄壤、黄棕壤、棕壤、暗棕壤及亚高山草甸土等。但是土壤的水平分布规律不明显，如保山地区以高黎贡山为界，东侧以赤红壤、红壤、黄红壤为主，西侧主要有黄壤、黄棕壤、棕壤和亚高山草甸土。

在所有的土壤类型中，红壤分布最为广泛，它属于赤红壤向黄红壤和黄壤过渡的类型，多分布在海拔1000—1400米之间。这一带既不像赤红壤分布带那么炎热干燥，也没有黄红壤分布带那么温凉湿润，水分和热量都比较丰富，故而土质黏重、酸性强，成土母质为花岗岩、片岩、砂岩、黏土岩、砾岩等。土壤的天然特性结合地带的水热条件，使得红壤分布带内植被茂密，是保山

和梁河地区物种最为丰富的地区。这一地带生长的杜鹃种类最为齐全和密集，作物的适种性较广，是区域内茶叶生产的主要基地。另外，虽然红壤地区的水热条件较好，但是淋溶作用强，土质偏瘦，水土流失也比较严重。

冰雹多发区

由于地形复杂，山地众多，气候多变，一座山体甚至具备五六种不同气候，加之腾冲地区正好是夏季西南低涡、川滇切变等天气系统活动频繁的地域，气流在狭小的区域内迂回，容易产生对流云，水汽因随气流上升而迅速降温，易形成冰雹。冰雹是本区主要的气候灾害之一，尤其春、夏两季天气变化频繁，是冰雹集中降临的季节。冰雹往往伴随着大风大雨以迅雷不及掩耳之势猛烈来袭，并在十几甚至数分钟内骤然停止，影响作物的正常生长，对水稻生产造成的损失尤为明显。

这些产生冰雹的气流规模不大，其影响的范围通常局限在很小的区域内。因为山脉阻挡了气流的西进，因此地处高黎贡山东麓的梁河和腾冲是受冰雹灾害影响最为严重的地

红壤是本区分布面积最广的土壤类型，其土质优良，适宜作物生长。

区。梁河芒东、杞木寨、大厂、小厂、平山以及腾冲新华、蒲川、五合、勐连、芒棒、曲石、界头和猴桥等乡镇冰雹降临的频率最高，造成的损失也最为严重，腾冲甚至还有数条比较系统的冰雹降临路线。

休眠火山

按照活动情况，火山可分为活火山、死火山和休眠火山3种。活火山指目前正在活动或周期性喷发的火山；死火山指史前曾经喷发过，但是有史以来一直未活动过的火山；休眠火山指在人类历史上曾经喷发过，现在处于相对静止状态的火山，但是三者之间并没有严格的界限，会相互转化。

根据记载，腾冲地区的火山自1609年以来就再也没有爆发过，曾经肆虐本区的来自地壳深处的炽热岩浆，似乎处于长久的休克状态。但是实际上，这些火山中有一些只是暂时平静，以后还会重新"复活"，也就是休眠火山。腾冲有数十座休眠火山，是中国最大的休眠火山群，这些休眠火山周围具有大规模的地热温泉，证明地下断层岩浆活动一直没有停止，依然剧烈，并且还释放出氦、甲烷及二氧化碳等气体，这些都是休眠火山的典型标志。目前，虽然人们已经知道了这些休眠火山的存在，但是它们究竟什么时候再喷发，却依旧无法预测。

一些研究者认为，腾冲的休眠火山群，其地下岩浆囊补给充足，熔岩流的性质将会更加液体化，更具爆炸性，且流动性更强，一旦喷发，容易流动的熔岩流所造成的灾害范围可能会超过10千米。更要命的是，当爆发的火山遇到这里丰富的地热资源，地下热水水温势必进一步升高，一旦与火山灰混合形成充满水蒸气的热尘，一切被其笼罩的生物都会窒息而亡。

腾冲地震活动区

处于青、藏、滇、缅巨型"歹"字形构造体系中段与经向构造的复合部位，褶皱、断裂发育，澜沧江断裂、怒江断裂、腾冲火山断裂、龙陵—瑞丽断裂、大盈江断裂以及丁家坡断裂、高家山断裂等其他次级断裂纵横交错，构成十分破碎、复杂的地质结构，使保山和梁河地区成为中国地震多发区之一，是青藏高原地震区的一部分。

按照成因和类型，本区的地震以构造地震为主，也有火山地震——由于火山活动时岩浆喷发冲击或热力作用而引起的地震。所发生的地震具有频度高、强度大、分布广的特点，几乎所有地方都有过地震的历史。据统计，自1900年以来5.0级以上地震超过33次，特别是1976年龙陵7.4级地震、2001年施甸5.9级地震、2004年隆阳5.0级地震，都给当地居民造成了极大的损失。1991年的7月1日和7月22日，施甸的太平密集地发生了分别为5.0级和5.2级的地震。地震

休眠火山的火山锥形态保存完好，将来有可能"复活"。

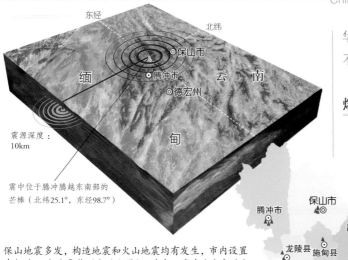

东经　北纬

保山市

缅　　腾冲市

云　南

德宏州

甸

震源深度：10km

震中位于腾冲腾越东南部的芒棒（北纬25.1°，东经98.7°）

保山地震多发，构造地震和火山地震均有发生，市内设置有超过10个地震监测点（小图），其中以腾冲为代表的火山区还存在尚未溢出的残余岩浆体活动，火山仍有微弱活动，当地曾于2011年6月20日发生5.2级地震（大图）。

北

腾冲市

保山市

昌宁县

龙陵县　施甸县

活动使区内的地质地貌更为脆弱，容易诱发泥石流、滑坡，造成水土流失和道路断裂、塌陷等。断裂构造、地震活动还在区域内形成了一系列的温泉群，在龙陵香柏河温泉带的邦腊掌温泉，甚至携带有来自地壳深部的信息，可作为地震监测的依据，已建有地震监测站。

腾冲火山地热国家地质公园

距今340万—1万年前的时间里，在亚欧板块与印度板块冲撞影响下，腾冲和梁河北部火山活动频繁，留下了令人叹为观止的地质景观，被誉为"天然的火山地质博物馆"，因而被定为国家地质公园。

腾冲火山地热国家地质公园面积约830平方千米，从腾冲的马站、和顺一直南延到梁河北部。公园内有97座火山体，部分为休眠火山，其中有25座火山口和火山锥的形态保存完整，个别火山口还演变为沼泽、湖泊。火山体周围布满面积广阔的熔岩台地，台地上火山蛇、柱状节理等原生节理构造发育，并有熔岩空洞、熔岩塌陷、熔岩流堰塞湖泊等火山地貌形成，火山弹、火山角砾、火山灰、浮石、火山渣等火山碎屑散落台地各处，种类齐全，形态多样。

最让人称奇的是公园内丰富的火山附生地质景观，围绕着火山，有数量和种类众多的沸泉、热泉、温泉、汽泉从地下涌出，泉华台地、泉华堆、泉华豆、泉华葡萄、泉华扇、泉华陡壁、泉华蘑菇、泉华洞等泉华景观同样让人应接不暇。

熔岩台地

新生代以来，腾冲地区火山活动频繁而广泛，熔岩溢流至地表，最终冷却凝结形成各种火山地貌，其中又以熔岩台地规模最大。腾冲熔岩台地有750平方千米，约占腾冲土地总面积的12.8%，不过与一般意义上的台地不同，这些台地海拔大都在1600米以上。它们主要分布在火山活动集中的腾冲中部、中北部和中南部地区，坡度平缓，并呈数级分布。

按照形成原因，腾冲的熔岩台地可分为3种：环火口湖熔岩台地、环火山锥熔岩台地及裂隙溢出的熔岩台地。环火口湖熔岩台地分布于顺江、团山一带，由于岩浆溢出的火山口较小，数量不多，台地厚度和面积较小，比原始地面高出不到10米，有的火山口积水成湖（如大姊妹湖、小姊妹湖），熔岩的主要成分为辉石安山玄武岩。环火山锥熔岩台地分布在中心式喷发的火山锥体周围，由安山玄武岩、安山岩和橄榄玄武岩组成，熔岩厚度由

腾冲境内的新生代火山岩流覆盖面积约1000平方千米，熔岩台地分布广、坡度缓。火山喷出了大量的火山碎屑物质，诸如浮石（图①）、索状火山岩（图②）、火山弹（图③）等都是极具科学研究价值的火山碎屑岩。

火山锥向四周逐渐变薄，台地周围的台坎较低（因安山岩浆流动性较小，部分台坎高度可达几十米），台地上可见堤垄状、平行条带状、放射状、绳状等岩流特征，打鹰山和马鞍山上的熔岩台地即为这种类型。裂隙溢出的熔岩台地出现在河谷与盆地之中，分布最广，是岩浆经过断层等裂隙溢出后沿原始地面漫流而成。因形成台地的橄榄玄武岩岩浆流动性大的缘故，台地的面积都比较大，熔岩厚度在30—50米之间，最厚的有200多米。由于受力不同，台地的玄武岩底部呈致密块状，表层为气孔状。经过风化，这些台地的表面很多已经发育成为肥沃的土壤，并被开垦为耕地。

大脑子山

　　高黎贡山脉犹如一把利剑，沿着中缅边界从北方直插腾冲地区，并且由北而南徐降，进入腾冲时主脊线海拔由原来的4000多米，降到3500米——大脑子山就以3780米的海拔高度成为腾冲与泸水交界处最高的山峰。因山顶浑圆形似人头而得名的大脑子山，虽然较之其北边的一些兄弟山峰要低矮一些，但是与怒江

谷地间高差仍达2500米，樟柏松、大风口等数10座海拔3000米以上的山峰呈拱卫之势围绕在其四周。山上古生代变质岩广布，受风力、水力等差异风化的影响，东北坡要比西坡陡峻。山顶常有冰雪覆盖。

　　巨大的高差、复杂的地形，造就了大脑子山各种各样的地形气候及植被类型。自下而上亚热带常绿阔叶林、针阔叶混交林、针叶林依次展布。但是山的东西两侧植被状况却有所不同：受西南季风的影响，来自印度洋的水汽多在西侧形成降水，所以植被茂盛；而后，失去大部分水汽的气流越坡下沉，降水量由原来的2000毫米以上骤减至1000毫米以下，有些地方甚至形成焚风效应，蒸发量反而大于降水量，纵然有怒江经过，也无济于事，在怒江河谷处还出现了干热河谷稀树草丛景观。

狼牙山

　　腾冲的地貌被高黎贡山和龙川江水系所控制，并具有北高南低、中间低两边高的地势特征，如同一个南北向放置的巨型畚箕。西部、北部的滇滩、固东、猴桥等镇，是构成这个"畚箕"北、西高沿的所在，缔造者是高黎贡山脉的支脉狼牙山。它呈东北一西南转东南一西北走向高高耸立，同名主峰更以3741米的海拔高度位列第二，与大脑子山东西对峙，山顶终日云缠雾绕，视野良好时可以俯瞰北部的板瓦山、西面的缅甸密支那城、东南的腾冲坝子甚至盈江、梁河。狼牙山山体由花岗岩和变质岩组成，山势巍峨，峭壁众多，半山上怪石林立，群峰陡峻如狼牙差互，因而得名。岩体中蕴藏有铁、锡、锰、石灰石、黏土等矿床资源。

　　狼牙山上立体气候明显，

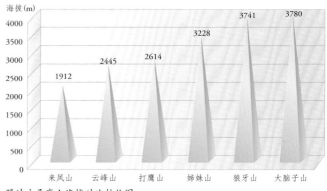

腾冲主要高山海拔对比柱状图

从山脚至山顶亚热带常绿阔叶林（海拔2900米以下）、耐寒林带、草甸、灌丛、箭竹林以及山顶的雾雪寒峰逐次呈现。茂密的原始丛林里生物繁多，主要有栎树、文山杉、云南松、云杉、冷杉、华山松、台湾杉等，不乏秃杉、银杏、山茶等珍稀树种，每当春季来临时，林中山花烂漫，亚热带常绿阔叶林里的杜鹃灌丛更是花团锦簇。熊、麂子、巨蟒、山雉、鹦鹉等珍奇野生动物活跃山间。同时，狼牙山还是槟榔江的主要发源地之一，澡塘河从这里流出，经过山脚紧束的峡谷后与其他槟榔江源头溪河汇合。

姊妹山

在腾冲滇滩（原瑞滇）北边、中缅边境线上，姊妹山与西南侧的狼牙山、尖高山及腾冲东部绵长的高黎贡山共同形成屏障，构成腾冲向南开口的箕状地形。顾名思义，姊妹山分为上、下两座，上姊妹山海拔3158米，下姊妹山海拔3228米，呈东北—西南走向，山体主要由燕山期花岗岩构成。

姊妹山山顶常常云雾缭绕，温暖湿润的气候环境，使得山上常绿针叶阔叶林中青松、杉松、麻栎、桦桃、桤木、

滑竹、冈竹等树木生长旺盛，也为众多药用植物提供了良好的生境，各种动物活跃其间。姊妹山是由印度洋板块与亚洲大陆碰撞形成的山脉，在两大陆相撞的过程中，这一带发育有铁矿。另外，地下的泉水从破碎的岩石裂隙中涌出，在烧灰坝河形成多处温泉。

大小茏苁山

大小茏苁山同属更新世早期火山，位于打鹰山东北不远处，山上的火山岩都为溢出相安山岩和英安岩，熔岩流分布面积均达25平方千米，呈青灰色厚层状。根据考察，这两座火山历史上都只经历了一次喷发活动。小茏苁山海拔2681米，火山锥高度达1000米，无论海拔还是相对高差都在腾冲的火山群前列。大茏苁山海拔则有2783米，相对高差有1100米，为腾冲之最。两座火山的山体宽大，锥体为比较规则的圆形，大茏苁山的锥体长和宽都为1500米，小茏苁山为1000米。由于形成时间较早，风化程度高，顶部的火山口痕迹已不明显。

打鹰山

其实打鹰山原来叫集鹰

山，因"时林木繁茂，鹰多集于此"而得名，为火山。它位于腾冲的中和、马站两乡交界处，海拔2614米，火山锥呈截头圆锥状，相对高差663米。明代探险家徐霞客曾来到这里，并在《徐霞客游记》里记载打鹰山最近一次的喷发时间在1609年。

西北—东南走向的打鹰山，呈椭圆状，长短轴分别为250米和200米，其火山口深60余米，被尘土和火山灰混合物覆盖。山体由晚更新世安山玄武岩组成，并有浮石、火山弹碎块、火山灰等火山碎屑物质，在碎屑锥中还有一些火山熔岩夹层，盾形火山地貌明显。由于形成时间较晚，火山的结构保存完好，流纹、波峰、波谷等流动构造还十分清晰，熔岩风化也很微弱，山顶风化层仅厚30—40厘米。当年岩浆流向四周呈放射状流溢，在西山坡脚奎甸附近阻断河流，使其改道。活动的后期，岩浆由于冷却收缩，在宏恩寺处形成一处凹地。

打鹰山山顶、山脚处各有一处湖泊和水源，北侧松树林里还有一个风洞，常年凉风不断。风化不强、土层不厚的地方植被不算茂盛，分布有落叶

松、红松、白桦、山杨等，但是山口一带马缨花众多，开花时犹如一片红霞铺满山头，加上其形状与富士山相似，所以被称为"小富士山"。

云峰山

在腾冲北部边陲的滇滩境内，有一座山峰因峰腰常年云雾缭绕，名为"云峰山"。山峰属琅珠山系，呈南北走向，主峰海拔2445米。

云峰山山体是在亚洲板块与印度洋板块相互碰撞的影响下，因地壳抬升而形成。它属于花岗岩山体。山体内两组断裂呈"X"字形发育，使深埋地下的燕山期侵入花岗岩露出地表，在断裂处形成陡直的断裂面，故云峰山以陡峭险峻著称。受差异风化的影响，山上花岗岩风化良好的地方，形成肥沃的土壤，植被生长茂盛；风化不良的地方，则呈现不一样的特色：岩石主要沿着结构比较脆弱的地方风化，不断往里侵蚀，形成大块悬坠的岩体，长年下来，最终由于不堪重力的拉曳而滑落，落到山下的岩石受到碰撞而支离破碎，而后又经流水、生物等作用进一步崩解成各种花岗岩石，大者有长达

七八十米、直径五六米的石柱，小者仅有拇指大小的石粒；山的顶部，虽然承受风力和雨水等冲刷和摩擦的程度最大，但是生物的加速作用很小而呈现为花岗岩整体出露；由于地势较平坦，这里已建有云峰寺供信徒参拜。

黑空山·大空山·小空山

在本区，很多火山都叫"空山"，主要是因为火山口的深度动辄达数十米，据说用力在山上走，就能听到咚咚作响的回音。腾冲马站境内，有3座"空山"——黑空山、大空山、小空山，彼此间相距约五六百米，远远望去，酷似3只倒扣的巨钵，由北向南一字排开，与雄崎西南的打鹰山遥遥相对。黑空山在北部，海拔2072米，火山锥高150米，锥头圆锥状；中间的大空山海拔比黑空山高10米，但是火山锥低一些，为100米，呈截头圆锥状，显得既小又圆；最南的小空山"身段"最为娇小，只露出30米的火山锥，也是截头圆锥状，海拔1957米。

虽然3座山都是由岩浆喷溢形成的，但仍存差别。黑空山上多辉石安山岩，且表面几乎未经任何风化，弧形

①

②

③

腾冲火山群是世界上最密集的火山群之一，尤以和顺、马站两地最

④

⑤

⑥

为集中，例如大小芒焋山（图①）、打鹰山（图②）、老龟坡（图③）、小空山（图④）、大空山（图⑤）和黑空山（图⑥）等，这些休眠火山植被茂盛，说明它们处于静止状态已有相当长的时间。

熔岩被、波峰、波谷及绳状等清晰可见，火山口口径200—250米，深60米，东北向有丘岗，是岩浆流经这里留下来的痕迹。大空山以橄榄玄武岩为主，顶部比较平坦，火山口为比较规则的圆形且岩垣完整、无裂，宽200米，深50米，岩石的表层多孔状，熔岩向东呈扇形展布后留下熔岩台地。小空山也是以橄榄玄武岩为主且顶部平坦，火山口为近乎规则的圆形，直径150米，深约60米，浮岩的分布面积较大，并在其东面100米的地方有一座其最近一次爆发所形成的高50米、锥底直径200米的寄生火山。

铁锅山

在腾冲腾越镇境以西10余千米的马站东南的王家坝附近，一座海拔2102米的火山远望如两口巨锅紧紧地并排在一起，于是人们给它起了个十分形象的名字——铁锅山。这两口巨锅实际上就是两个形状十分相似且距离十分紧密的火山口，两者之间只相隔了不到5米，深度都在25米左右，围绕在火山口周围的火山垣还很完整。

铁锅山形成于第四纪晚更新世时期，距今五六百万年。

山上熔岩主要为橄榄玄武岩，呈多孔状，并夹杂有大量的火山角砾和火山弹，还有一些浮石分布。在一些岩石风化程度比较高的地方，已经发育成为适宜植物生长的土壤，如在火山口，每年冬末春初，盛放的马缨花有燃野之势。

来凤山

来凤山是火山，山体是由南、北两个火山口组成的盾状火山锥。这座火山形成于90万年前的一次爆发，是腾冲火山群中的老辈，腾越镇境就坐落在其流出的熔岩之上。因传说有凤凰到此而得名的来凤山，孤峰突起于腾冲城西南。由于历史久远，火山受风化程度较高，火山碎屑锥体已不容易辨析，但是灰色气孔状构造、顶部的圆形凹地以及其

四周的垣体，还是能看得出它是一座火山。

来凤山地处亚热带季风气候区，最高海拔1914米，最低海拔亦在1600米左右，相对高差不大，因此山上的植被垂直分布不明显，多为松、杉和竹子等常绿树种，红花油茶、杜鹃、春兰杂生其间，森林覆盖率高达90%以上，为300余种鸟类和50余种兽类提供了良好生境。春冬晨曦或夏秋雨雾，常见山腰烟雾袅袅，回环如带，被誉为"晴岚玉带"，是为古时腾冲一景。

老龟坡

虽然腾冲和顺最低海拔已经达到了1563米，但是老龟坡还是以1862米的最高海拔俯视和顺，并与来凤山、马鞍山成鼎足之势。它因其底部椭

火山锥　火山锥是由熔岩和火山碎屑物在喷出口周围堆积而形成的山丘。其形态差异与喷出物的性质、量的多少和喷发方式有关，类型可分为穹隆状、盾形、锥形、钟形和复合状等。本区火山锥类型较多（见第30—31页），常见盾形、锥形和钟形，其中盾形火山规模相对巨大，例如来凤山和大坡头就是这种类型的代表。

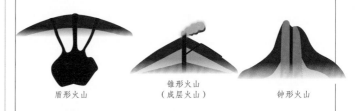

盾形火山　　锥形火山　　钟形火山
（成层火山）

圆、顶如馒头、酷似龟甲而被称为老龟坡，并由其东南500米的寄生火山锥（海拔1749米）相辅成驼峰形。实际上，老龟坡之所以形成这种截头圆锥状火山，离不开它在晚更新世早期时温和的喷发方式：由于上冲压力不是很大，岩浆并未喷涌而出，而是从火山口里盈溢出来，然后顺着地势呈扇状流向西北的石坪村一带。当火山活动停止时，岩浆的冷却收缩，形成无头却有一定坡度的老龟坡。

老龟坡火山锥高140米，火山口近东西向，长350米，宽250米，深45米，以安山玄武岩、橄榄玄武岩为主，表层多孔状。浮石、火山弹和火山角砾岩等火山碎屑互相成层。主火山锥东边的火山口被侵蚀破坏，呈凹地与外面相通，但是暗道发育，有蝙蝠洞、景福洞等岩洞；西边的火山口内有一高出底部的喷火锥，是火山口的熔岩凝结后，其周围的岩石被侵蚀搬走而形成的。老龟坡土壤肥沃，山上松林茂密，各种青草和野花丛生其间。

马鞍山

在腾冲和顺以西2000米处，立有一座截头圆锥状火山锥，因其长轴方向近南北向，远观形似马鞍而得名马鞍山，又因满山皆石而称石头山。

这是一座活火山，也就是喷发年龄小于1万年的火山，科学家所做的热释光年龄表明，马鞍山最后一次大规模的火山喷发发生在全新世，可能距今3500—2500年。它的海拔1793米，相对高度110米，火山裂口朝向西北，围绕主火山口还有9个寄生火山锥，皆保存完好。山上的熔岩包括粗面玄武岩、玄武粗安岩、粗面安山岩和英安岩，颜色比较黑，孔洞比较均匀，孔洞均呈蜂窝状，且表面几乎不见风化土，岩流、岩垅、波峰、波谷、绳状、纺锤状、旋卷状等当年火山爆发时岩浆流溢遗留下来的遗迹依然清晰可见。据此可以判断，在距今18万—2500年前的时间里，这座火山以较为温和的形式多次喷发，黏性比较小的岩浆大部分沿大盈江往西南流泻，直接覆盖在大盈江河流一级阶地之上，而在马鹿塘、槽子地、下村一带，熔岩则直接盖在老龟坡原有的火山岩之上。经过几次这样温和的喷发，才形成了现在的盾状火山地貌。

大风口

高黎贡山西麓、腾冲曲石境内的山岭顶部，有一处名为"大风口"的凹口，海拔2400米左右，两旁绝壁耸立，并有一座由天然巨石形成的石门，当地人叫作"石门洞"。

这里跟周围的地势差异明显，是高黎贡山东西两麓气流交流的天然通道，终年大风呼啸，致使风口上环境干旱，树木难活，仅有一些生命力顽强的花草及灌木生长，动物种类也与其他相同海拔的山坡截然不同。风口两端的景观也有明显的差别，东坡为下风坡，向阳，平缓绵长，降雨少，植被稀疏；西坡为迎风坡，背阴，坡陡而短，雨量丰沛，植被相对茂密，两坡温差在4—6℃。因地势较低，大风口成为过往腾冲、隆阳的捷径，成为古代商旅逾越高黎贡山的必经路口之一，是古代西南丝绸之路在高黎贡山上的最高端。同时由于口道狭窄，易守难攻，是古时的要冲之地。

神柱谷

顺龙川江而下，到达腾冲曲石向阳桥村附近面积近2平方千米的神柱谷，便仿佛走进一个鬼斧神工般的大作坊：无数根黑色的石柱或横，或竖，或倾斜，或弯曲，依河岸两侧整齐而紧密地排列着。这些石柱大小不一，有的能看到整根柱子，有的被横切，从切面能看出呈四、五、六边形的规则图形——这些如同加工完成的"石材"，其"加工"师傅不是人，而是大自然。这些"石材"其实是火山活动中形成的柱状节理，是约4万年前这一带发生火山喷发，1200℃的岩浆因冷凝、收缩而结晶以及在运动过程中挤压形成的火山遗迹。

由辉石、角闪石、橄榄石、斜长石等组成的柱状节理，形成以后原本深藏地下，龙川江从这里流过对山体进行切割、冲刷，才在1万年前呈现出来，并成为中国迄今为止发现的最年轻的柱状节理群。这一火山地质奇观，对研究火山的岩浆生成和地质构造具有重要科学价值。

龙川江峡谷

龙川江是瑞丽江的上游，从大脑子山东北侧流出后，就沿着高黎贡山西麓纵贯腾冲东部。龙川江峡谷就是其在腾冲境内五合以上的河段，两岸高山此起彼伏，树林茂密，主要呈现为河流宽谷地貌，两旁有

火山喷发时，熔岩沿地表流动，受温度、地形、熔岩成分等因素的影响，冷却后会形成千姿百态的熔岩地貌。腾冲境内的龙川江一带就分布有大片的

熔岩地貌，表明这里曾是熔岩肆虐之地。上图分别为河床中出露的岩浆岩（图①⑤），两岸山体的柱状节理及其横切面（图②③④）。

较宽的河流阶地。峡谷中，众多的火山及火山遗迹星罗棋布，耸立两旁的火山经历千万年的风雨吹打，多数轮廓已经变得模糊。河床两旁经常可以看到河水冲刷坚硬的黑色火山岩石形成的峭壁，壁上岩峰突兀。最具特色的就数整齐排列在河岸的柱状节理，这种火山遗迹原本掩藏地下，由于龙川江流水的侵蚀，它们才得以出露地表。

澡塘河谷

因河流由东向西从热海峡谷中淌过，河水接纳了相当的热量而水温偏高，一年四季都有人在河中洗澡，澡塘河因此得名。

澡塘河谷就是澡塘河流经腾冲清水、荷花时，在两乡交界处受两条山谷夹峙构成的"丁"字形谷地。河谷宽30—40米，短短250米的河谷沿线内，布满了热泉、沸泉、热气孔、水热爆炸等地热水汽景观，温度高达94—97℃的地下热水及热气源源不断地从悬崖顶、石壁、砂砾、乱石、河床深处喷溢出来，常年白雾缭绕。在地下水压、气压、矿物质沉积等的长期作用下，河谷中的岩石被雕塑成各种形态：傲然

腾冲市境东北高、西南低，东西两侧为高山夹峙，中部多是由火山熔岩地貌构成的宽谷盆地，腾冲坝便是在火山堰

挺立的锦鸡、张着大口的蛤蟆、凶猛的狮子……另外，河谷边还有火山熔岩冷却时留下的"火山蛇"。

腾冲坝

作为玄武岩堰塞形成的盆地，腾冲坝如一个巨大的长马蹄，踏在大盈江上游腾冲腾越至打苴一带，面积约35平方千米，四周为火山群所环绕。

腾冲坝原为高黎贡山西坡断陷河谷盆地，由于第四纪火山多次喷发，熔岩堵塞大盈江，堰塞成湖后，受流水沉积物充填，逐渐淤浅，湖面缩小，再经历沼泽化的过程，最后形成盆地。形成过程中，坝子经历了上、下两个沉积旋回，每个旋回沉积盖层从下到上依次均可分为火山喷出岩、陆源碎屑沉积、硅藻土沉积以及细碎屑和泥炭沉积。坝子里的第四纪河流相冲积层厚度平均为230米，最厚处达250米以上，并含有泥炭褐煤。受北东向断裂和南北向断裂的控制，腾冲坝表现为开放型山间盆地，地

下的承压水常常沿断层或河谷涌出地表，大盈江的源头河流叠水河穿盆而过。断裂活动还使腾冲腾越至打苴之间的安山岩发生左旋错断，形成陡峭的断层崖，河流跌水成瀑。

腾冲坝地势平坦，海拔在1600—1650米之间，盛行西南季风，年平均气温14.8℃，年降水量1467毫米，全年80%的降水都集中在雨季，为中亚热带季风型气候，土壤以红壤为主，盛产稻米、玉米、小麦等农作物和油菜、烟草、茶等。

堰湖的基础上逐渐形成的一个盆地。

三岔河盆地

槟榔江的源流轮马河、胆扎河、大岔河从源头流下，于腾冲猴桥三岔河村交汇，海拔从3700米下降至1900米，受地势变缓和流速降低的影响，上游冲刷、侵蚀所挟带下来的悬浮物质在这里沉积，长年的累积形成一大片平坦之地——三岔河盆地。这个地处山间的小盆地，被大岔河分为南、北两部分：北部处于胆扎河与大岔河之间，呈西北—东南走向；南部则在大岔河与槟榔江之间。盆地土壤肥沃，又有充沛的河水滋润，成为重要的耕作之地，当地的傈僳族村民以种植水稻、玉米等农作物为主。盆地周围是腾冲西北部延绵的中高山，海拔多在2000米以上，山上植被茂盛，人烟稀少，生态极好。

固东—瑞滇盆地

固东—瑞滇盆地是龙川江上游河流西沙河谷上的盆

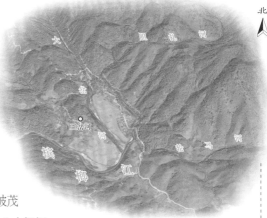

三岔河盆地地貌示意图

地，属典型的山间断陷盆地，地势北高南低，呈近南北走向的长方形，地跨滇滩（原称瑞滇）、固东两镇。盆地在更新世时曾一度为湖泊，因此也发育有属盆地次级地貌的湖积台地，其他的次级地貌还包括火山锥及河流阶地。西沙河从高黎贡山支脉狼牙山发源，河水挟带的物质在腾冲滇滩和固东两镇之间沉积，逐渐形成宽谷，形成盆地地貌。盆地内具有多种类型的第四纪沉积物，并且层序齐全，还有丰富的砂锡资源。盆地年平均气温14℃左右，属亚热带气候，且土壤肥沃，适合种植泡核桃、银杏、板栗、草果等经济林木，是固东、滇滩两镇居民的主要聚集地。盆地周围群山环绕，山上森林茂密，森林覆盖率在60%以上，栎树、云南松、华山松、杉木成片分布，也有银杏、楠木、秃杉等珍稀树种。

事实上，固东—瑞滇盆地又可分为瑞滇盆地及固东盆地。瑞滇盆地的主体在滇滩境内，长10千米，最宽处约4000米，发育有四级阶地，其中一级以河流相砾石为主，二、三级阶地由冲积砂土构成，四级阶地底部为砾石层，上覆砂层及黏土层，因盆地西缘有断裂

下陷，西沙河向西偏移，两岸地貌不对称，阶地主要在东岸发育；固东盆地长13千米，最宽约5000米，范围在固东、甸苴到杨家山一带，盆地内有西沙河及明光河经过，河流为曲流型，发育有三级阶地，最厚处约100米，两侧及中部有全新世断裂，使地层产生褶皱变形，与上覆地层呈角度不整合。

"十里热海"

世界上有温泉的地方很多，但像"十里热海"这样大规模温泉出露的实属少见。"十里热海"又称腾冲热海沸泉群，距腾冲腾越西南约20千米，面积约9平方千米，主要有硫黄塘、澡塘河、黄瓜箐等温泉群，呈南北向展布。地热资源通过温泉、热泉、沸泉、沸喷泉、喷气孔、冒汽地面、泉华以及水热爆炸、水热蚀变、水热矿化（如金、银等贵金属的矿化）等形式释放出来。区内的热汽泉喷泻强烈，或如蛙鸣鼓噪，或如困兽喘嚎，常使人毛骨悚然。

腾冲火山群处在印度洋板块和亚欧板块急剧聚敛的结合线上，断裂构造发育，有南北向的瑞滇—腾冲断裂、北

火山与温泉相生共存，二者共同组成了本区的地质奇观，在近期火山

的边缘出露有许多大大小小的热水泉群，尤以"十里热海"最甚，这里一年四季都呈现热气蒸腾的景象。图①—⑪分别为：凤露池、大滚锅、怀胎井、鼓鸣泉、蛤蟆嘴泉、冒气地面、狮子头泉、眼镜泉、美女池、姊妹泉、冒气山谷。

西向的古永断裂和北东向的大盈江断裂经过，并复合形成梁河—朗蒲弧形断裂。"十里热海"就在这条断裂上。虽然这一带发生大规模的强烈火山活动已在很久以前，但是从温泉中释放出的氡和甲烷气体来看，地下岩浆活动依然活跃。地下储蓄的地热资源遂沿着断裂带提供的通道，源源不断地释放出来。

"十里热海"热能丰富，且富含由钍元素衰变而成的氡气等多种化学物质成分以及磺矾等矿物，在地热发电、医疗、农业和日常生活方面有巨大潜力，人类对其的利用古已有之。

"大滚锅"

在腾冲热海中，"大滚锅"是较大的一处沸泉，也是温度最高的，素有"一泓热海"之称。它坐落于腾冲腾越西南清水的一个山谷中，海拔1180米，位置比其他的热海景观要稍高一些，恰如一口直径3米、深1.5米的圆口巨锅支在半山腰上。这处沸泉里面有数十个泉孔，其中较大的3个不时喷出30厘米高的气柱，并嗞嗞作响。"大滚锅"是一个硫黄沸泉，在远处就可以闻到一

股浓烈的硫黄味，泉口的四周还布满了蛋黄色的硫黄泉华，是长久以来涌到上面来的泉水由于温度降低、溶解能力变弱而使硫黄稀释出来沉淀形成的。

"大滚锅"一带受硫黄塘断裂所控制，断裂处岩石为早更新世英安岩，并被晚更新世早期火山岩掩覆，但还可以看到断裂挤压破碎带、变质岩的挤压陡立带等。因断裂带所在的地下热能充足且热储较浅，泉水的温度随着深度的加深而不断上升，最高温度在100℃以上。

蛤蟆嘴

在腾冲热海峡谷中，澡塘河忽遇一条地质断裂带，两者互成十字状交叉，河水瞬间跌落，形成高10米、宽5米的澡塘河瀑布。其脚下有多处热泉、汽泉喷涌，左边的一处就是蛤蟆嘴。蛤蟆嘴只适合远观，因为其属于高温间隙喷泉，每隔数秒，地下热水上行到狭窄的通道内扩容，就会喷射出来，形成高1.5米的水柱，其温度可达95℃。

这里的地下水源硅钙含量丰富，随热泉喷出后遇冷沉淀，久而久之就在泉口形成一

片白花花的硅华——远远看去，就像一群黑白相间的蛤蟆聚在澡塘河瀑布，昂头观看澡塘河，故而得名"蛤蟆嘴"。1639年，明代旅行家徐霞客游经此处，对蛤蟆嘴做了生动的描写："跃出之势，风水交迫，喷若发机，声如吼虎，其高数尺，水一沸跃，一停伏……"

珍珠泉·眼镜泉

这两个泉都位于澡塘河西岸海拔1460米的地方。其中珍珠泉是一个扇状沸泉群，弧长4.5米、宽2米，水温达92.5℃，十来平方米的范围内，密密麻麻地分布着数百个喷气孔。不像热海里的其他一些气孔，珍珠泉承受地下的水汽压力不是很大，因而并没有喷出水柱或者气柱，而是温和地流出，同时冒出一串串的气泡，这些气泡浮出水面，如同一粒粒晶莹剔透的珍珠在盘中滚动，"珍珠泉"之名大概由此而来。

眼镜泉是东西并列的两个热泉，在珍珠泉的下方，热泉温度达94℃。泉眼周围被泉华所包围，形成坑径0.3—1米的泉坑，泉华围垒与中间清澈的泉水对比鲜明，酷似一副平放的眼镜，所以被唤作"眼镜

泉"。地势更加低一点的地方是美女池，是珍珠泉和眼镜泉及鼓鸣泉、怀胎井等泉水的主要集水地。

黄瓜箐

在腾冲热海中，"大滚锅"以泉著称，而黄瓜箐则以气闻名。位于"大滚锅"西南2000米处的黄瓜箐，是一条南北走向状如黄瓜的狭长热气沟，海拔1500米，长200米，宽25米。沟底有一条小溪，两侧是陡峭的崖壁，西壁较缓。黄瓜箐在硫黄塘断裂发育出来的南北向槽状地貌带上，地下岩层十分破碎，汽泉就是通过这些岩石裂隙从悬崖顶、石壁、砂砾、乱石丛以及河床深处喷薄而出。这里的喷气孔数量繁多，其中较大的有10多处，主要分布在沟壁和沟底，汽泉从气孔喷出时会形成显著的气柱，并发出"咝咝"的声音，空口处的气体温度高达94℃，接近当地的沸点。

从喷气孔里喷出来的汽泉也富含硫黄，硫黄气味十分浓烈，沉积地表的黄色硫黄随处可见。另外，这些汽泉还含有大量由钍元素衰变而成的氡气以及多种其他化学成分，当地人很早就利用箐中的水汽、硫黄、热和氡射气来疗养治病，至今已有100多年的历史。

坝派巨泉

这是地处腾冲荷花坝派村的一处温泉。不过，不同于热海中沸泉、喷泉、汽泉的"热情似火"，这个温泉"温文尔雅"，是一个低温温泉，温度常年保持在20℃左右，仅比当地的其他泉水高出5—6℃，泉池里面还能发现游鱼。其坐落在大盈江右岸熔岩台地上，南北向展布，长500米、宽约60米的范围内，有56处泉眼。

由于已经脱离了地热活动的高温区，这里地下水的加热条件与热海有天壤之别。同时，其坐落在大盈江畔，有大盈江、明朗河和打鹰山一带的地下水等丰富的水源。这些流水的主要通道火山熔岩台地的

坝派巨泉属低温温泉，以流量巨大而著称，岸边蕉林葱郁，水草茂盛。

边缘孔道和裂隙比较大，使得它们能通畅地进入集水盆，还未及驻足，就又以34万吨的日涌水量排放出去，水的循环周期比较短——这样，就成就了坝派泉水的低温和巨量。坝派巨泉长年恒定，受其滋润和温暖，周围的小区域生态自成特色，在温暖的日子里还不是很明显，当三四月份春寒未尽时，这里春意盎然，与周围环境迥然不同。

大塘温泉·石墙温泉

受南北向的高黎贡走滑断裂带及其次生断裂的影响，高黎贡山西麓、龙川江沿岸分布着多个泉群，与腾冲热海众多的动辄90℃以上的沸泉、汽泉不同，这里地下没有那么激烈的岩浆活动，泉水温度大多在70℃以下，鲜有超过90℃的，几乎不用冷水降温就可以"亲密接触"。腾冲腾越东北、龙川江东岸，界头的大塘村和石墙村里就各有一个这样的温泉群。

大塘温泉海拔2500米，分布在龙川江上游的河谷阶地上，东、西、北三面为高耸的高黎贡山及其余脉所环绕。温泉由董家寨、中寨、转山和沙坝4个南北一线的泉群组

成，彼此距离紧密，如珠串联。温度普遍不高，董家寨泉群52.5℃，转山泉群45.2℃，沙坝泉群因与冷水相汇只有33℃。中寨泉群是大塘温泉中规模最大、温度最高的，在长约100米、宽约30米的范围内有五六处较大的泉眼，其中一处直径达3米，涌泉如沸水翻腾形成高10多厘米的水包，涌水量达4升/秒，温度在73℃以上。

石墙温泉跟大塘温泉一样，以村命名，长约1500米，呈链式涌出，温度在50—70℃之间，涌水量达3升/秒，泉水大多数以漫流的形式涌出，只有少数泉眼能看到明显的喷涌现象。在石墙温泉群里，大量的矿物质溶入温泉被挟带上来，并在地面沉淀、升华，形成蘑菇石、锦鸡泉华等各种造型的泉华。

北海温泉

因历史上当地生产一种像马牙齿的玛玉，故北海温泉又称"玛玉窝温泉"，处在腾冲新乐村与盈河村的接合部上，地质上属腾冲更新世火山活跃的核心区域的边缘。这里的热源主要是岩浆活动辐散出来的热量，泉水温度在50℃以上，最高可达75℃；水

源主要靠大盈江、北海湖、青海湖的水渗透补充，日涌水量1000多立方米，有时甚至达到4000立方米。

北海温泉属于低矿化度的碳酸温泉，泉水中含锂量极高，硫、硝含量少，并有少量对人体有益的微量元素、放射性元素，除了可以用来洗浴保健外，还能制成饮用矿泉水，是腾冲地区少有的既可浴又可饮用的温泉之一。人类对它的开发利用也比较早，明朝时就已经有人在这里建造了简陋的露天洗浴澡塘。

扯雀塘·醉鸟井

火山活动晚期，有一些火山会发生低温放气现象，持续释放大量的气体，其成分以二氧化碳为主，其次是硫化氢和氮气，甚至还会含有氟化氢及其衍生剧毒物，这些气体的比重较大，很容易在低洼、空气不流通的地方汇聚，浓度过大时，由于空气中的氧气含量过少，人和其他动物往往会因为缺氧以及吸入硫化氢等有毒气体而产生眩晕，甚至死亡，这些地方往往会成为生物的禁区。腾冲的扯雀塘和醉鸟井就是典型的代表。

扯雀塘在曲石境内的曲石

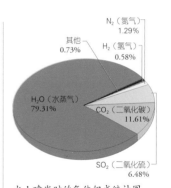

火山喷发时的气体组成统计图

街以东2500米、龙川江支流小江右岸熔岩台地前沿的陡坡上，距小鱼塘村不到1000米，是一个面积约80平方米的浅水坑，四周灌木杂草丛生，底部蕴藏着放射性铀矿。大量的二氧化碳、硫化氢和氮气等气体从泉边崖壁石隙中冒出，硫、氮的气味非常刺鼻。从上方经过的鸟雀一不小心吸入过多这种气体就会被呛晕而坠地，就像被什么力量给扯下来一样，"扯雀塘"之名由此而来。因此，在塘的周围常常可以看到鸟的尸体，都是因缺氧窒息或者中毒而死的。

醉鸟井则是因为释放出来的气体硫化物过多，导致了上空的鸟雀中毒。其位于黄瓜箐汽泉南1000米的沙坡村海拔约1460米的陡坡之上，是一个1米深的旱井，不仅井壁上结了一层亮晶晶的硫黄，而且附近的草丛、树叶上也都覆盖着一层薄薄的硫黄结晶。

叠水河瀑布

腾冲城西1000米的地方，三峰比肩兀立，西北侧龙光台的花岗岩和东南侧来凤山的英安岩相互抵夹，马耳山火山喷发形成的玄武岩立于两者之间，腾越河上游自腾冲东北部而来，流至此处从左峡夺路而下，遇上了断层崖，造成40余米高的跌水，形成了中国目前仅有的城市火山堰塞瀑布。从远处望去，河水仿佛被折为二叠，于是得名"叠水河瀑布"。河水乘势而下，拍打下面坚硬的岩石，水花四溅，在连续的撞击下，岩石不断地被刨蚀形成一处深潭，属有潭型瀑布。

近年来，瀑布上游扩修水电站，使瀑布的跌水量减少，已没有先前壮观。春季，瀑面宽仅约5米，水丰季节，可达8—10米。

顺江火山湖

距今50万—20万年前，距腾冲腾越30多千米、顺江西面有火山爆发，爆发停止后，火山上不仅留下了乌黑的辉石、安山石以及轻可浮于水面的浮石，还留下了目前中国发现的保存最完整、湖水最深的两个火山湖。它是由于喷火口处岩浆凝结及挥发性物质的散失造成堰塞，形成漏斗状凹陷的火山口，在以后漫长的时间里，火山口储存了大量来自降雨、冰雪融水以及地下水等形式的积水而形成。

两湖以1806米的海拔南北平视，相距不过200来米，被誉为"姊妹湖"，当地人则称其为"龙潭"：居北者名大龙潭，居南者名小龙潭。大龙潭湖深30米，湖面直径82米，四周分布有熔岩溢流覆盖后所形成的熔岩台地。小龙潭规模比大龙潭小很多，深15米，直径40米，与大龙潭之间有一个直径5米的次生火山口。由于没有外来的污染，大龙潭和小龙潭的湖水都清澈，与周围的树木花草相映成趣。

叠水河瀑布和北海湿地（相关内容见第44页）都是熔岩阻塞河道形成的火山附生景观，瀑布岩壁上的柱状节理显而易见。

青海

青海因"四周花木环绕，水清莹澄洁"而得名，又称澄镜池，位于腾冲北海双海村，北海的东北部，面积近18000平方米。它是在火山口洼地上形成的火山湖，由于湖水的pH值低于5，所以也是当前世界上仅有的3个酸性湖泊之一。水面宽广呈鹅蛋形，纵深面呈漏斗状，湖畔水草密生。

湖盆位于更新世板壁坡安山岩流间，四周是高出湖面50—150米的中、基性喷发岩低山丘陵，呈南北向椭圆形。青海湖地处亚欧板块和印度洋板块的镶接部位，强烈板块碰撞和挤压，地质运动异常活跃，并最终在更新世的时候，随着强烈的岩浆活动得以成湖，西南部湖底的酸性地下水透过裂隙涌出来，就形成了酸性湖泊。

青海湖原来最大水深达20米，雨季降水集中时还有湖水从东北部的缺口溢出，然后汇入腾越河。自从在缺口处筑渠建闸引水入双海村灌区后，湖区水面面积和深度都逐步减少，更无湖水自然流出补充腾越河。

北海湿地

北海湿地位于腾冲腾越东约12千米处的北海双海村内，面积0.46平方千米，其中水面面积0.14平方千米，其余的为随着季节、风向的变化发生移动的草坪——"海排"。湿地坐落在高黎贡山西坡的浅切割中山地带，水面海拔1731米，平均深6米，是中国西南唯一的典型高原火山熔岩堰塞湖沼泽湿地。60多万年前，火山爆发流出来的岩浆冷却，堵塞了大盈江河谷，形成火山堰塞湖，由于火山堰塞湖本身的排水性差和缺乏明显的出水口，又有雨水及地下水等的补充，湖里常年积水，大量的植物浮生水中，旧草腐烂，新草在腐烂的草根上生长，如此周而复始，年复一年，就发展成一个个厚达1米的"海排"。人行走其上，沉浮不定，形如可以浮游水上的船板，被称为"草皮船"。由这些植被参与组成的湿地，有一个专业的术语，叫"漂浮状苔草沼泽湿地"。

北海湿地草甸发育，草本植物织成厚厚的"海排"，呈带状环湖分布，对拦蓄大盈江水和防洪汛起着重要作用。

这片湿地位于亚热带西南季风气候区的迎风面，降雨丰沛，且气候温凉，干湿分明，因而成为云南高原亚热带湿地生物多样性的重要物种基因库。在狭小的区域内，北海兰、苇席草、茭菰草、漂草和许多其他湿地植物生长茂盛，保水和输水能力很强，成为大盈江的源头活水，也是白鹭、麻鸟、翠鸟、黄鸭、灰鹳、鸬鹚、斑青潜鸭等禽鸟及各种鱼虾的理想家园。近年来，由于围湖造田、森林砍伐等人类活动的加剧，北海地区的动植物数量和种类减少，湿地功能正在减弱。

腾越河

腾冲东部，高黎贡山脉连绵起伏，形成天然的屏障，阻挡了由印度洋吹来的西南季风，形成丰沛的降水，在孕育了山体西麓茂密植被的同时，也涵养出大大小小的众多河流。腾越河就在腾冲中东部的北海与曲石之间的叫鸡山南麓缓缓流出。

腾越河从河源至龙家营段称为打苴河，流域地貌为山谷；从龙家营至太极桥段叫叠水河，在太极桥下形成叠水河瀑布。然后经腾越、和顺、荷花等乡镇进入，穿梁河于新城

与槟榔江汇合后称大盈江，然后注入伊洛瓦底江。沿途吸纳了两岸的塘子河、盈河、筒车河、饮马水河、马常河、草河、绮罗河、大泉河等众多河流，水资源丰富，径流面积1763平方千米，河道全长87.4千米，落差113米，平均比降7.53‰，流至荷花热水塘处年产水量达7亿多立方米，是流经地区的重要水源。

槟榔江

作为大盈江的两大支流之一，槟榔江自北向南与发源于腾冲东部的腾越河成夹角相对而流，主源为发源于腾冲西北部五台山的大岔河，旁边还有发源于狼牙山的胆扎河和轮马河与之若即若离，并终于在三

岔河合而为一，流经猴桥进入盈江，其间又有花水小河、古永河、黑泥塘小河、灯草坝小河等补充进来，水量渐丰。入盈江境后，纵贯盏西坝，流至新城接南底河入大盈江。槟榔江在腾冲境内长59千米，在1070平方千米的流域面积内主要为腾冲北部的高中山峡谷地带，沿途到处是高耸入云的山峰和经流水冲刷形成的险峻峡谷及奇石。

由于两岸都是茂密的森林，槟榔河的水源补充稳定，每年20多亿立方米的水流在峡谷中急流回转，形成了1700多米的落差，坡降接近30‰，水能潜力巨大。虽然湍急的河水对河岸冲刷很厉害，但是槟榔江未见浑浊，时常清澈透明。

由于地形落差大、河流冲刷作用强烈，流经腾冲猴桥境内的槟榔江上怪石突兀。

胆扎河

在景颇语中"胆"意为"找","扎"意为"金子"。在腾冲西北部的猴桥，有一个边境小村，因为古时去往缅甸寻金觅玉的常经之地，因此被称为"胆扎"。发源于狼牙山的一条小河流经这里，也被称作"胆扎河"。

胆扎河从狼牙山流出后，依山势一路南下，所经山地海拔均在2000米以上，最后贯穿相对平坦的胆扎坝，于三岔河与槟榔江的其他两条源流交汇，形成槟榔江。胆扎河流域主要集中于山区，植被茂密，水质清澈，成为许多动物的天堂，桥街墨头鱼、盈江条鳅、藏鳠、长尾纹胸鮡、细斑纹胸鮡、红瘰疣螈、虎纹蛙、山瑞鳖、水獭等"水族"异常活跃，而黄斑褶鮡及拟鳗的存在，更让它成为槟榔江黄斑褶鮡拟鳗国家级水产种质资源保护区的一部分。

古永河

与腾冲其他顺着北高南低的地势从北向南流淌的江河相比，古永河显得有些另类，它从南向北而流，素有"古永倒淌"之名。古永河发源于马站的许家葫芦口，流经古永坝子、下小街后转向猴桥，注入槟榔江。另外，古永河常发生淤塞并在多雨时节暴发山洪，给猴桥人民带来损害，这足以证明其"桀骜不驯"的脾性。

实际上，古永河之所以如此，多拜流域内复杂多变的地质地貌条件所赐——坚硬而嶙峋的岩石迫使其不断地改变流向，最终在流水猛增时发出怒号；在平缓处流速骤减，杂物沉积下来，河道自然淤积。同时，古永河30多千米的流程内，两岸都是茂密的丛林，水资源十分丰富，经过人工的清淤及其他水利工程的"驯服"，成为沿岸的生活、灌溉水源。

黑鱼河

火山爆发的熔岩流堵塞地下水脉，迫使水流喷涌而出已属少见，但这还算不上稀奇——腾冲曲石的黑鱼河每年夏秋时节都会流出成千上万的黑色小鱼，更属罕见。这些鱼所在水域，确切地说，应该说是低温矿泉，因其出水量极大，达到了1400立方米／秒，才被称为"河"。

未流出地表之前，泉水在地下河里流动，直到流经一处断裂带，河道形成明显落差，泉水才得以喷涌而出。那些小黑鱼在地下河中生长，靠吃小虫甚至自己的同类生存，最终随泉水出来才得见天日，并在外面营养丰富的环境里迅速生

由黑鱼河分化出来的一股湍流，自树林幽谷间奔流而下，沿途多巨石。

长。泉水在出水口处被分为两半：一股气势恢宏，直窜两三百米后汇入龙川江；另一股则化为一潭平静的泉水，缓缓流过熔岩河谷断裂陡壁——黑鱼河峡谷——陡壁上布满玄武岩柱状节理，六棱状的柱状节理或水平，或垂直，或倾斜，或弯曲，自然地组合成一幅壮观的巨型浮雕作品。平时，两股水流清澈见底，在河床中还可以看到碧绿柔软的水草，只是在洪水暴发的时候会变得清浊分明。

半山半坝

位于中国地势第二级阶梯与第一级阶梯交界处的横断山脉由一系列南北走向的山脉组成，如高黎贡山、怒山、宁静山等，并由北向南逐渐降低，至梁河已经到达了山脉的西南端。梁河的地形延续了横断山脉的走势，呈北东向西南倾斜的斜长形峡谷地带。痫痫山、芒鼓山以及东山梁子（也称江东山梁子）在境内延绵，全境被林立的中山和低山所控制。

大盈江、龙川江分别从北部、南部进入梁河境内。在大盈江断裂等地质基础上，这两大水系对山体切割、侵蚀，山间形成了一些平坦之地。较

大的有南底河（大盈江梁河段）、龙川江及龙川江支流萝卜坝河堆积而成的冲积平原——遮岛、勐养、萝卜3个大坝子，以及勐蚌坝、曩鹅坝、勐陇坝、勐来坝等小坝子。

上述山河的"交响"，最终形成了梁河两山夹一坝的半山半坝地貌。这些坝子和小盆地与周围的落差明显，最高的痫痫山与最低的老芒东高差达1800米，使得梁河立体气候明显，并形成多种多样的地形小气候，冬春两季，沿河平坝周围的低山至二台坪子还存在逆温层。

痫痫山

因山顶风大，草木稀疏，似生痫痫疮不长头发的人头而得名。痫痫山呈东北—西南走向横亘于腾冲、盈江、梁河三地的边界上，东西长25千米，南北宽10千米，平均海拔2000米左右，处于梁河地势阶梯最高的一级，主峰海拔2672米，是梁河海拔最高之地。

痫痫山形成于古生代的造山隆起运动，山体由花岗岩、变质岩和玄武岩组成，在此过

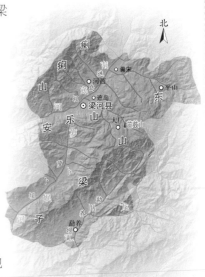

受断裂控制，梁河地区形成山、河、坝相间的半山半坝地貌。

程中，受岩浆活动和造山运动时高温高压的变质作用影响，形成了一种由古生物三叶虫化石组成的极具"飞燕"形态的变质板岩，当地人称之为"燕子石"。经过风化堆积和岩体入侵的富集过程，山上的砂岩、砾岩及侵入花岗岩中含有大量的锡矿。

芒鼓山

大盈江东岸，源自腾冲的中低山从东北蜿蜒入境，并占满了整个梁河东部。这些山脉沿着梁河与腾冲交界处延展，地势逐步降低，行至小厂的友义村和大厂的勐陇村处又明显地增高，升起了大分清梁子、干窝子头、红阳脑、仙人脑等

多座海拔2100米以上高峰，芒鼓山亦是其中之一。这座大山位于大厂大生基村东南，呈东北—西南走向，因山形似芒鼓而得名，最高点为海拔2365米的茶林脑，山上植被良好，南侧是面积约200平方千米的国有林区。山的西南面是海拔2430米的红阳脑，西面是仙人脑，海拔2455米。

就梁河的地势而言，芒鼓山是东部中段一个重要的节点。由它开始，分出两列并行的山脉——东山梁子和西山梁子——东山梁子经由杞木寨迤逦南下至萝卜坝河下游河谷；西山梁子先出遮岛，然后转向安乐，与安乐山隔萝卜坝河相对，直下翁冷村。这样一来，断绝了大盈江和龙川江在梁河境内进一步接近的可能，两者只好相近平行地南下。

安乐山

受大盈江和萝卜坝河长期侵蚀切割，地处梁河西南部的安乐山与纵贯梁河西部的山脉被分隔，成为梁河三大山地区域中最小的一块。这块山地北起梁河安乐村樊家寨一带，经笋子洼、洒乌、邦别、罗岗至南部芒东翁冷村。从地势上看，它处在梁河地势阶梯的尾端，海拔普遍不高，最高的是梁河、盈江两县交界处的香竹脑，海拔仅1914米。其余的有海拔1596米的大银坡、海拔1841米的实竹脑、海拔1866米的小白岩脑子和海拔1570米的大丛岗等。大丛岗是一座东北—西南走向的横岭岗，由于地势相对平坦低缓，是前往盈江油松岭的必经之路。

安乐山相对高差较低，且坡度缓和，适宜开垦。

尽管"身形"欠高，但安乐山却有造雨功能：由于它所在梁河的西部边缘，是西南季风吹入梁河的最前站，湿润的气流常在此受阻而停驻，往往在山前成云致雨，是德宏州的暴雨中心之一。当地人望山知天，形成民谚："安乐山戴帽——有雨。"

勐蚌温泉群

梁河东北部的平山区域，在地质结构上处于大盈江断裂与泸水—瑞丽弧形断裂所夹的区域上，褶皱发育，地热流体丰富；加之受到印度洋和亚欧板块的碰撞挤压，岩浆活动剧烈，以曩宋河为主要补给的地下水被热源持续加热，涌出地表后，即形成地热资源——勐蚌温泉群，属变质岩区温泉。

勐蚌温泉群以勐蚌仙人澡塘和大坪山澡塘最为闻名，是温泉群中涌泉量最大的温泉。勐蚌仙人澡塘位于勐蚌村一处切割较深的沟溪左侧石崖下，水温达48℃的泉水自裂隙发育的灰白色片麻岩中汩汩而出，微具硫黄味，泉水流过之处，在岩石表面会留下薄薄的一层钙华，有些钙华钟乳石。大坪山澡塘则坐落在平山村，泉水顺着片麻状花岗岩的节理流出，主泉口有3个，泉水温度分别为53℃、51℃和45℃。由于其泉水无味无华，与溪沟冷水混合后可用来灌溉水稻田，温泉周围藻类长势良好。

丙赛温泉

受腾冲—瑞丽弧形断裂褶皱带控制,梁河大盈江两岸发育有多处温泉,丙赛温泉即是其中之一。它地处大盈江西岸、梁河河西邦读的东北方海拔930米处。作为梁河境内唯一的沸泉,它由名称为"大滚锅""二滚锅""三滚锅"的3个近东西向排列的泉眼组成,泉水温度可达96℃,总涌水量约5升/秒。

此处泉水经地热加温后,沿古、新近纪花岗岩质沙砾岩和页岩的裂隙自流而出。泉水中富含硫、硝,有浓重的硫黄味。泉区周围为稻田,温泉自水渠旁流出,由于有冷水混入,水温降至40—60℃。另外,丙赛温泉不远处,河西的芒陇村里也有一处水温在50℃左右的温泉。

龙窝热泉

龙窝热泉是腾冲—瑞丽弧形断裂褶皱带在梁河发育形成的两处热泉之一,位于梁河西南,距县城3500米。温泉方圆3000米的范围内,群山环绕,犹如一条条青色的巨龙在山巅盘旋,泉水出水口处地势稍低,状似"龙窝",故名龙窝温泉。它的地下热源充足,水温在80℃以上,泉水沿"U"字形的山谷喷涌,涌水量为6升/秒,年保有储量达1029万立方米。另外,这里还分布有大面积的蒸汽地面,泉区周围雾气蒸腾。泉水中含有适度的硫黄,还有钙、镁、钾、钠等金属元素,水质透明、无色,但是水中氟化物含量比较高,不宜直接饮用。

南底河

这里指大盈江干流在梁河境内的河段,傣语称"朗底河",汉语译作"南底河"。这一河段北起曩宋,由东北向西南缓流,于勐宋和安乐交接处流入盈江境内,全长26千米,河床宽大,平均河宽80米,最宽处100米,最窄处也有60米。

南底河是梁河北部最主要的水源,沿途有喇叭河、曩宋河、曩滚河、遮岛沙河、勐来河等40多条大小支流汇入,从北部高、低山地区走出的河流绝大多数最终都汇入其中,水资源丰富,多年平均流量在33—47立方米/秒之间。南底河还发育了大片梁河难得一见的平坦之地,梁河最大的坝子——遮岛坝就延展在开阔的河谷两边,"斜长形峡谷"指的就是这里。此外,勐来坝、勐蚌坝等次一级的坝子也在众多的支流中形成,成为梁河人口最为密集、人类活动最活跃的地区。

南底河流域地处大盈江断裂,断层多而交错,岩层很破碎,历史上山体滑坡、泥石流和地震频繁,地震造成古滑坡复活形成新滑坡,形成恶性循环,成为本区乃至云南滑坡、泥石流最为发育、灾害最为严重的地区之一。在三家村、龙王井、大坪子和那林等地,还

丙赛温泉的高温足以将番薯、鸡蛋煮熟。

保存有古滑坡的围椅状地形、陡峻的滑坡后壁和宽缓的滑坡平台。梁河盆地稳定以后，随着侵蚀和堆积，山体变得圆浑，滑坡、泥石流强度也有所减少，但是近几十年来，过度垦殖、筑路开矿等人类的不合理开发打破了原来脆弱的平衡，地质灾害又有加剧的趋势。

龙川江

腾冲东南部和梁河整个东部都属中低山地地貌，龙川江自五合出龙川江峡谷后，不得不绕一个大圈才在梁河、腾冲和龙陵的交界处进入梁河的范围。受山势所迫，龙川江在梁河境内呈现为二进二出的局面：入梁河境后，受高山阻挡，龙川江旋即在梁河、龙陵和潞西交界处的三岔河村、野鸭塘村之间出梁河境，在野鸭塘村和芒回村之间沿梁河、潞西边界西流；紧接着在勐养的帮界附近折向南流并复入梁河，流经勐养、中营，并在中营处转向东南，从梁河的东南角落出境。

龙川江在梁河境内流程11千米，平均河宽180米，流域面积596平方千米，上游经过"滇

龙川江缓缓流过腾冲平坝地区，发育出宽阔的河漫滩。

西雨屏"龙陵，沿途有勐陇小河、三岔河、曩挤河、萝卜坝河等18条支流汇入，水资源丰富，梁河南部的萝卜坝、勐养坝、三岔河坝等沿河盆地都是在其流水冲刷和沉积下形成的。

萝卜坝河

龙川江的支流中，萝卜坝河是梁河境内最大的一支，它

钙化地 龙川江流经保山境内，沿途除了有名的柱状节理（相关内容见第34—35页），还发育有另一种独特的地貌——钙化地。钙化，又称钙华，即在岩溶作用下，溶解于水中的多种矿物质在其他物体上析出后，形成一种混合结晶体。其主要成分为碳酸钙，不同地方的矿物质因含量多少的差异而呈现不同的颜色。位于龙川江畔的钙化地呈现白色或乳白色，以河滩为主要地貌。由于土质特殊，这些钙化地不适宜植被的生长，常呈现裸露的岩体。

也是梁河东南部与陇川的天然边界，形状如一个大写的"L"，把梁河东南部的山体全部划到梁河范围内。萝卜坝河发源于水箐山，上游称为松山河，东西流向，在大羊脑山嘴与分水岭沟汇合后开始南流，这一河段长11千米。此后至杞木寨杨柳河村7000米长的河段叫杨柳河，河宽30—60米，在这河段中接纳了大丛岗河、勐连寨河、烟墩河、小松树河、弯中河等溪河。杨柳河村以下才叫萝卜坝河，开始时保持上游杨柳河的流向，当流至芒东翁冷村时，受山体阻隔转向由西向东而流，最后在勐养中营村汇入龙川江，途中有洒乌小河、小芒东河、芒东河、蚌摆小河、纳户那河、那勐河、小宛河、芒练河等支流汇入，流量和河宽进一步加大。

萝卜坝河上游松山河处于梁河中部中山向低山渐变的边缘，山上到处是茂密的竹林和其他树林，植被良好，河谷较小。转向后至翁冷南北向的河段河流两边都是低山，地势比较平坦，在流水的冲刷下两岸多发育成平缓宽阔的河滩。翁冷以下的河段地势重新变得险峻，虽然河谷和流量加大，但少有开阔之地。

在地热和立体气候的作用下，百花岭形成温泉与森林相簇拥的人间仙境。

百花岭

高黎贡山拥有中国现存最广大的热带植物区系向温带植物区系的过渡地域，犹如一道竖放着的五线谱，流淌着东喜马拉雅山地生物多样性的斑斓乐章，隆阳芒宽南部白花林村一带的百花岭无疑是这个乐章里一个重要的音符。从高黎贡山西麓越岭而过的气流在东麓形成焚风，受其影响，岭中的年降水量从山顶的3900毫米猛降到山脚的700多毫米，温度也呈现出随海拔升高而逐渐降低的趋势。

在这种立体气候条件下，从下到上干热河谷稀树灌丛、季风常绿阔叶林、暖性针叶林、中山湿性常绿阔叶林、山地苔藓矮林、湿凉性针叶林、寒湿性草甸依次展布。以海拔2000米为界，以上因人迹稀少，是莽莽的原始森林：天然桤木次生林大片分布，云南原种茶、秃杉等珍稀树种生长其中，另外还有种类繁多的药类植物；以下则多被开垦，并受入侵植物紫茎泽兰的侵害，最低处的怒江峡谷是高黎贡山东麓典型的干热河谷。河谷中有着目前云南记录到的纬度最北、海拔最高的热带雨林，雨林内群落高大，层次结构复杂。

岭中溪河众多，还形成阴阳谷三级瀑布、美人瀑布等数个大型的跌水，在断裂处还有阴阳谷温泉和澡塘河温泉。高山密林历来是动物的天堂，百花岭中有褐喉沙燕、栗喉蜂虎、紫色花蜜鸟、白尾梢虹雉、火尾绿鹛、三尾褐凤蝶、西番翠凤蝶、克里翠凤蝶等鸟雀、蝶类在林中栖息。

道人山属于断块山，断裂上升的一侧山坡比较陡峻，而另一侧山坡则平缓绵长、谷地开阔。

道人山

如同一个巨人，道人山独立于隆阳的东北部瓦窑，把保山和云龙给分离开来，并以3655米的海拔高度傲视群山。相传海轩道人建红花寺于山中，舍药供茶，故名道人山，又名道仁山。它属于怒山支脉三崇山的一部分，山体呈西北—东南走向，由坚硬的片麻岩和花岗岩组成。澜沧江从东边奔腾而过，受其阻隔，漕涧河自发源后与澜沧江隔山平行而流，最后在隆阳瓦窑附近汇合。

道人山是断块侵蚀山地，山势险峻，山脊线海拔3000米左右，相对高差2400多米。

山上不同地段的气候各有不同，由下而上常绿阔叶林、阔叶针叶混交林、高山草甸分带明显。山脚，常绿林木郁郁葱葱，在一个叫"大丫口"的山谷中，杜鹃生长繁茂，形成大片的杜鹃花林，一直延续到海拔3000米左右的高度才消失，穿透了山上的3个植被带。中部的阔叶针叶混交林由云南松、华山松、云杉、铁杉等组成。从西面海拔2800米的地方开始，高山草甸开始出现，并分布有成片的竹林和大片的野生荛菜。绝高处的清峰顶大风凛冽，乔木灌木都难以生长，是一片纯粹的草甸，不时有黑色的石头出露。

由于人迹稀少，道人山基本保留了原始状态，林间不仅有红豆沙、沙松、秦艽、当归、黄芩、柴胡、三七、弩箭药、虫草、雪山一枝蒿、黄连等几十种中草药以及各种野生菌、蕨菜等植物，还有小熊猫、狗熊、野猪、野豹、麂子、獐子、猴子、兔子、刺猬、老鹰、猴面鹰、蟒蛇等几十种野生动物。另外，还有锡矿藏。

白凤坡

高黎贡山山脉南北一线，分隔腾冲和隆阳。白凤坡是这条线上北部的一点。它位于隆阳西北的芒宽和腾冲东北的界头之间，处于高黎贡山脉中段向南段过渡段上，海拔3622米。山体巨大的海拔高差形成了这里明显的气候垂直差异，植被也呈垂直带状分布，从下到上依次有亚热带常绿阔叶林、暖温带针阔混交林以及温带针叶林。但是，山的东西两边植被存在很大的差别——西面阻挡了由印度洋吹来的西南湿热的气流，降水丰富，因而植物生长非常茂盛，相比之下，东面水分缺乏，植被相对要稀疏一些。与高黎贡山其他地方一样，这里还保留着比较原始、天然的生态条件，山上有大面积的原始丛林，密林中还有羚羊、小熊猫等珍稀动物活动。此外，白凤坡和大风口之间海拔3100米的地方，有两个南北分布的椭圆状季节性湖泊，面积约10000平方米，

1—5月气候干燥时干枯无水，在雨季时则湖水常盈。

玛瑙山

玛瑙山在隆阳杨柳冷水村附近，因盛产玛瑙石而得名。1亿多年前，这一带有大量岩浆喷出，二氧化硅溶液侵入隐藏在岩浆冻结时留下的孔洞不断凝聚结晶，形成大量的玛瑙矿富集。玛瑙带长1200米，玛瑙颜色较多，有浮白、烟火、鹅黄、血红等，又以血红色为佳。

然而，使玛瑙山扬名的却是让徐霞客发出"悬之九天，蔽之九渊，千百年莫之一睹"感慨的"滇中第一瀑"——冷水河流经此处，在玛瑙山间形成玛瑙山大峡谷，两壁扪天的峡关之上又形成冷水河瀑布。随着地质环境变化、人类砍伐

毁林和在上游兴修水库，现在这条瀑布跌水量很少，除了两侧有细水流下外，其他地方都已经干枯，并且有些地方杂草丛生。不过从高差不下百米的三叠"石瀑"上斑驳的水痕、岩石上厚薄不一的水沉钙华、底下近700平方米的深潭和潭里的累累卵石等，都可以想象当年瀑布荡激怒狂的情形。

一碗水梁子

一碗水梁子因其为多条河流的发源处，但源头泉眼只有碗口大小、流量很少而得名。山体海拔约3000米，位于隆阳板桥西北、瓦房和老营之间。其属于高黎贡山向东延伸出来的支脉的一部分，跟这一列山脉的其他山体一样，它处在澜沧江和怒江流域之间，不仅是分隔两江的高地，而且是两江补水支流的重要发源地，西庄河、大沙河就是从这里流出汇入澜沧江的。此外，历史上的一碗水梁子还有一个功能：中国西南丝绸之路过澜沧江后，往往通过"永昌道"渡过怒江，翻越高黎贡山进入腾冲，然后经腾冲界头出缅甸，一碗水梁子就是"永昌道"中不可缺少的一个节点，至今附近还保留有一些当年古道的遗迹。

位于隆阳芒宽敢顶村的白凤坡，植被相对稀疏。

罗岷山

罗岷山位于隆阳水寨一带，巍峨高耸，海拔1800多米，属高黎贡山脉。近山顶处，因气候高寒和山势陡峻，山上的树木都比较矮小；山腰处，由于雨量充沛，山体被侵蚀成千沟万壑。这里地势相对平缓，土质肥厚，是林木的生长场所，以产松茸闻名；山脚地势较陡，主要植被有竹子及人工种植的经济果林。

澜沧江从罗岷山东麓流过，成为隆阳东北部和永平的天然分界。与它隔江相望的，是博南山。澜沧江水汹涌澎湃，劈山破岩的气势把岸边罗岷山和博南山坚硬的岩石切割得突兀嶙峋，形成悬崖峭壁。两山间辟有古道，这里是中国古代西南丝绸之路的必经之路。古道极为艰险，博南山上的几乎平行于江面，如细带悬空，被称作"鸟道"；罗岷山上的几乎沿绝壁侧垂直而上，两旁顽石横生，称作"云梯路""倒马坎"。两山古道之间，有兰津古渡连通。

灰坡垭口

人们通常把山脊上呈马鞍状的明显下凹处称为垭口。高黎贡山在腾冲和隆阳之间绵延，一路南下形成许多垭口，隆阳芒宽和腾冲界头之间的灰坡垭口就是其中一个。灰坡垭口呈东西走向，东端为冷水沟，西端为北斋公房。这处垭口是腾冲、隆阳两地气流交换的口道之一，也是生物流动的重要通道，因此一些原本只适合在高黎贡山脉东侧或者西侧生长的植物和动物都可以在垭口区域内找到。因常年风大，垭口通道里的植被以低矮的灌木和草本植物为主，高大的乔木少见，垭口的底部有时甚至连灌木也少见，只是一片带状的草坪；而高黎贡山其他向东或者向西的山麓，往往在比垭口海拔高很多的地方还茂盛地生长着各种乔木。西端的北斋公房不断

罗岷山（右岸）和博南山（左岸）形成对峙之势，临岸悬崖陡立。

吹来湿热的气流，因此垭口一带水分充沛，一些相对低洼、植物特别茂密的地方通常会有涓涓细流。由于地势低平，灰坡垭口还是人们翻越高黎贡山花费时间最短和最省力的通道之一，它作为当地汉、彝、傣、傈僳、德昂等民族的交通要道，已有很长的历史。

罗明坝

隆阳杨柳的西部边缘延绵的低山地带分布有一处平坦的坝子——罗明坝。它地处怒江东岸、隆阳西部中段的马湾村、大龙井、龙潭、小坪子一带。坝子沿罗明坝河河岸呈南北展布，西北最下处是罗明坝河与怒江的交汇处，海拔687米。这里处于西北向罗明坝—太平断裂的北段，地质地貌不稳定，容易诱发地震。

罗明坝主要是罗明坝河对西岸的山体进行侧蚀，并把泥土搬运到东岸，同时还接纳了从西岸附近山谷中冲积下来的土壤堆积形成的。坝子与周围的山峰相对高差都在200米以上，过境的大风和严寒的气流都被大大削弱，因此终年无大风。这里炎热多雨，

北

罗明坝地貌示意图

年平均气温21—24℃，年降雨量700—1000毫米，无霜期长达205天，属于亚热带气候。土壤以黑泥土、红泥土、红胶泥土为主，又得罗明坝河、水长河的灌溉之利，是农业生产的沃土，作物以甘蔗、咖啡、烟草、水稻等为主，是坝上白族、彝族居民的主要经济收入来源。

保山坝

至隆阳，怒山已经由中段向南段过渡，并在板桥、河图、汉庄、金鸡等乡镇一带留下245平方千米的山间盆地——保山坝。其平均海拔1670米，西边是联系紧密的高山，山脊线海拔大多在2400米以上，北面和东面的山脉零散，山体也不高，南面全是一些岗地，与坝子相对高差200米左右。这个山间盆地是一个断陷沉积盆地，在三江褶皱系保山褶皱带的保山一镇康复向斜内，呈箕状，断

陷之初就储蓄了大量的流水形成哀牢古湖，由于地势低缓，溪水、河流中挟带而来的泥土搬运到此处时，因为动力减弱而在湖里沉积下来。久而久之，泥土堆积增多，古湖的面积和水量逐步减少，至民国年间退化为一残湖，并在20世纪60年代彻底消失，遂成坝子。

山脉的屏障、开阔的地形、较高的海拔，使得坝子迥异于1000米以下澜沧江、怒江峡谷的炎热和瘴疠，这里冷热适中，干湿相宜，年平均气温15.5℃，全年无霜期290天以上，年平均降雨量966.5毫米，非常适合耕作，素有"保山气候甲天下"的美称。保山坝区域很早就有人类居住，是古哀牢国的首邑之地，也是"蜀身毒道"上滇西首屈一指的物资集散地和中转站，这不能不归功于坝子宜人宜耕的气候和肥沃的土壤等丰厚的自然基底。1949年后，随着北庙水库的建成，坝子抵抗水旱的能力进一步加强，"滇西粮仓"的称号更加实至名归。

潞江坝

从青藏高原奔腾咆哮而

本区地处横断山脉南端，山河相间的格局将全区分割成数十个大小不一的山间坝子，区内既有火山堰塞型的腾冲坝（相

来的怒江分隔了东岸的怒山山脉和西岸的高黎贡山脉，进入隆阳道街芒柳村附近后，河水流速渐缓，河谷变宽，江水平静，沿途冲刷河岸挟带下来的碎屑物质因而在西岸沉积下来，形成大片的冲积扇。人们把这一段怒江河段称作"潞江"，并把附近平缓的冲积扇叫作"潞江坝"。对潞江坝的范围，人们至今仍没有一个明确的结论，只是笼统地把隆阳西南部的潞江、芒宽、道街、蒲缥、杨柳等5个乡镇成片的区域归纳进来，面积约2014平方千米。这个区域的海拔在640—1400米之间，其核心是怒江河谷中形成的、主要分布在西岸的冲积扇，以及

高黎贡山、怒江山山麓低海拔台地。

受高黎贡山的阻隔，来自印度洋的西南气流在山脉西麓成云致雨，把大多数的水分留在腾冲，越过山脉的气流造成焚风效应，使潞江坝成为中国为数不多的亚热带干河热谷之一。这里的年平均降雨量由腾冲大约1500毫米骤减近半，只有750毫米左右，而蒸发量却达2100毫米；年平均气温则由腾冲的14.8℃升到21.3℃，并终年无霜，热量资源丰富。有赖于降水集中和怒江上游充足的水源，坝子里作物生产的各阶段都能够得到均衡水热，潞江坝因而被称为"天然温室"，出产的甘蔗、咖啡、杜

果、荔枝等热带、亚热带经济作物品质极优。另外，与保山坝子类似，自古与永昌道相连的潞江坝是一处重要的交通要道，也是现今车行滇西的必经之路。

蒲缥坝

蒲缥坝平均海拔1519米，位于保山坝和潞江坝之间，东北距保山市区约30千米，西距怒江约20千米，是一个在断层陷落基础上形成的山间盆地。坝子最初是一个湖泊，湖生生物一度非常丰富，后来随着流水带来的泥土不断在这里沉积才逐渐转变为陆地，现在地下还能发现数量较多的湖产化石和上古腐殖湖相堆积层。这

关内容见第36页），又有断陷型的保山坝（左图）和蒲缥坝（中图），还有冲积型干热河谷——潞江坝（右图）等。

里属于腾冲火山群的一线地热带，新生代时期火山活动频繁，现在虽然趋于平静，但是还分布有蒲缥温泉、坝派温泉等温泉和冷泉。在坝子边缘的花椒寺村一带，有较为丰富的铅矿、铜矿资源。

四周丛山拱卫，山上莽莽野林，蒲缥河自南而北从中间流过，蒲缥坝上气候温和且无水患之忧，是野生动物栖息繁衍的乐园，大熊猫、短尾猴、赤麂、水鹿、青羊、大象、黑熊、野猪、金钱豹、爪哇犀、圣氏水牛、孟加拉虎等都在这里有过繁盛的时期。7000—8000多年前，蒲缥人也正是看上了这里优越的生产环境，才选择这里作为繁衍生息之地。

蒲缥温泉

蒲缥温泉是隆阳蒲缥一带在新生代火山活动基础上形成的9个温泉之一，处在北部的蒲缥塘子沟和庄门前之间，温泉海拔约1360米，泉眼分布在东北—西南走向的线形区域内，长约400米，宽20米，其中流量较大的泉眼有6处，泉水渗透到地下经过热源的加温后，产生上升的压力，从岩隙涌出地面。地下流动的过程中泉水曾流经含硫地层，水中硫黄含量很高，故泉区内弥漫着刺鼻的硫黄味，但对治疗一些皮肤病十分有效。因这里的泉眼长年有温泉涌动，并且水温保留在40℃左右，于是当地人称之为"热水塘"。

摆罗塘变色温泉

顾名思义，摆罗塘变色温泉以变"色"多端闻名——地下水从地层中溶解的各种矿物质和微量元素被加热成温泉后带出地面，随着天气、时间的不同发生不同强度的化学反应，使泉水不断地呈现透明、白色、粉红、天蓝、墨绿、黑色等多种色彩。

摆罗塘变色温泉位于隆阳潞江芒柳村赛林寨内一个叫摆罗塘的洼地中，这个洼地面积约1万平方米，四周青山环绕、森林茂密，并有悬崖峭壁、巨瀑飞落，南北两侧各有一条小河由西向东流淌，经潞江坝的赛格注入怒江。温泉经过深度加热，涌出地表后仍高达88—92℃，需经过冷却后才能洗浴，但是可以直接用来泡茶、煮饭。当地对摆罗塘温泉的利用历史悠久，并形成一个洗"白花澡"的习俗。

瓦渡石林

与路南石林同处北纬25°上下的瓦渡石林，因外表色泽呈黑色，故又称"黑石林"。它位于隆阳的瓦渡坝子中，为云南现已发现的第二大岩溶石林地貌，覆盖面积约60平方千米。其中连片集中分布的石林群分布于瓦渡村4座小山头上，占地面积约4平方千米，并分成东、西两片，当地人称东片的石林为"公石林"、西片为"母石林"。"公石林"中的石灰岩石块跌宕起伏、错落有致、层次分明，有"鲁迅横眉""瓦渡神鸟""雄师出山""猿猴攀石""双象贺莲""石笋""坐井观天""仙人洞"等自然天成的碳酸盐岩造型；"母石林"气势相对温和，有"象鼻石""群象归山""神仙抽烟""仙人笔架"等石峰。除了地表层的石林群，这里还发育有岩溶地貌的其他类型，如落水洞、溶洞群等。

瓦渡所在的隆阳，碳酸盐岩发育比较完善，岩溶面积广布，是滇西典型的岩溶地貌分布区。正因具备了这样的地质基础，才有了瓦渡石林的存在。它的形成过程与路南石林大体相同：它一样处于低纬地区，且所在区域在远古时代海拔较低，在二者结合所赋予的古热带气候环境下，石林得以发展。包括溶蚀在内的强烈风化作用，使地表的红壤不断被淋蚀侵蚀，原藏于地下的碳酸盐岩不断被侵蚀剥露，石林终成。现构成石林的岩石表面已非常粗糙，正走向瓦解的过程。

鱼洞石楼

东河从老营发源，贯穿保山坝后进入隆阳东南部低缓的山区，这一带石灰岩大面积分布，岩溶十分发育，鱼洞石楼就是在石灰岩基础上形成的。东河在汉庄清水村流过一道人工水坝，水坝下面有暗河通施甸，坝下南面灌木丛后的天然岩洞就是其入口，当河水暴涨时，一部分河水便灌入洞中补充暗河。因有水落入，当地人称之为"落水洞"。石灰岩受河水的长期溶蚀，洞口和岩洞规模都不断在变大，枯水季节，东河水势不大时，洞口常出露于河床边的崖壁下，人

可入洞内，据说洞中水潭里有游鱼栖居其间，所以又被称为"鱼洞"。距鱼洞500余米的东河下游西岸的悬崖峭壁上也有一处岩洞，形状结构跟房子很像，有石钟、石鼓、石桌、石床甚至还有阳台，所以叫作"石楼子"。两者合起来就叫"鱼洞石楼"。

东河下游丙麻秧田寨一带还有暗河和落水洞，干冬时节，河水有时会悉数流入洞中，只留下干枯的河滩，洪水暴涨时，第一个落水洞不能容纳经过的全部河水，就通过西面的另外3个落水洞逐次消化掉，水流在山腹中流淌的轰鸣声隐隐可闻，人们遂把这一带山岭称为"响山"。

千佛洞

千佛洞又叫石花洞，是隆阳东南部众多的石灰岩形成的地貌景观之一，位于鱼洞石楼东边不远的西邑与丙麻交界处，距隆阳城不过30千米。它发育于箐门口山体之中，石灰岩经渗透进来的水长年溶蚀，碳酸盐成分不断被带走而形成溶洞和千姿百态的钟乳石景观。其实把千佛洞看作"楼"也许更贴切些，箐门口的石灰岩从山脚到山顶都被侵蚀，一

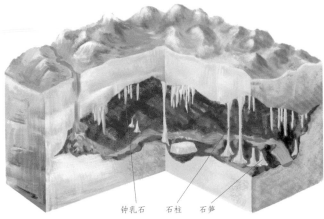

钟乳石　石柱　石笋

当石灰岩地区长期受到地下水溶蚀时，就会形成岩洞，因各部分石灰质含量及被侵蚀的程度不同，洞内会沉积形成钟乳石、石笋等形态各异的景观。

共形成9层洞穴，故而有"九层溶洞"之称。

当地村民分别从山脚、山腰、山顶破口，已掘出其中的6层。通常所说的千佛洞就是其中的第三层，叫"行佛洞"，深500多米，高20米左右，主要由千佛聚会厅、万年国画厅、八仙醉乐厅和吉祥室、聚会室、仙壁室、宝剑室和醉仙室组成。

北庙湖

北庙大坝拦截怒江支流东河之后蓄积起来的一个山间湖泊——北庙湖，位于隆阳板桥北庙村，其正南方是隆阳最大的保山坝子，怒山支脉在它北部不远的地方分为两列，呈左右包抄之势。整个湖区面积约6平方千米，其中水面面积2.8平方千米，总库容达7350万立方米，湖面海拔

1705米，中间被海拔1912米的山体拦隔，分为东、西两个部分。

北庙湖湖水主要来自于众多季节性溪沟：在北部有长15千米的东河上游，平时只是涓涓细流，洪水来袭时却成为汹涌奔腾的流水；多雨时节，从保山坝北部山区源源而出的溪流，受湖区所控，不再对保山坝造成洪涝威胁。湖四周坡度较陡的山坡是以云南松、思茅松、果松为主的茂密森林，低缓的山坡和湖畔则建有茶园、果园以及花卉栽培园等经济园林。

澜沧江（保山段）

澜沧江是一条国际河流，被称为"东方的多瑙河"，从青藏高原唐古拉山的冰川发源后，自西藏进入云南，流经迪庆、怒江、大理、保山、临

沧、思茅和西双版纳等地后进入老挝。出中国后称"湄公河"，近西北向斜插中南半岛的老挝、缅甸、柬埔寨、泰国、越南等国后，从胡志明市境南部进入太平洋。

从隆阳瓦窑进入保山地区后，澜沧江在隆阳、永平两地的交界线上转折，并在昌宁继续充当了一段距离的界河后才在耇街转向进入昌宁内部。流经栗木、沿江、联福、阿干、桥头、新厂后，从平村脱离保山地区，这一河段流程117千米，流域面积3165平方千米，途中有黑惠江、瓦窑河、永平河和右甸大河等支流汇入。两岸被云岭山脉、怒山山脉的一系列山峰夹峙，每年10余亿立方米的江水被约束在宽50—150米的范围内，沿岸高山脚下坚硬的岩石在流水的激烈冲刷、剥蚀下，形成悬崖峭壁。江中多巨石岩坎、礁石密布，使得急流险滩众多、漩涡丛生，历来是险要难渡之处。澜沧江的"桀骜不驯"，使得它徒有巨大的水力资源潜力，却难以开发。在流段内比较平缓的地方，还可以看到一种有趣的现象：干季时江水为绿色，雨季时洪水把岸上大量的红壤冲刷下来，江水则变成红色。

本区河流进入平坝地区后，流速平缓，泥土沉积，形成如上图所示的澜沧江（隆阳境）上发育的河心滩，以及如下图所示的蒲缥河（隆阳境）两岸的阶地。

瓦窑河

瓦窑河在《汉书·地理志》中被称为"类水",《华阳国志·南中志》称"蒼溪",是本区存在的古老河流之一。作为隆阳境内第一条汇入澜沧江的常流性河流,它发源于汶上喜坪村和瓦房水沟洼村一带,上游河段由南向北,至瓦窑横山村和毛竹棚村之间转向东南,然后在下河湾村与漕涧河汇合,经石灰窑、下寨、繁荣、澡塘等村落注入澜沧江,沿途有挖沟河、石灰窑河、弯刀河、澡塘河、大出水河等支流汇入,河网交错。

瓦窑河流经山区,流速湍急。

瓦窑河长21千米,流域面积约241平方千米,流域处在隆阳东北部的中低山区,流水稳定、充沛,在某些河段还有温泉出露,是瓦窑的主要生活、生产水源,且坡降明显,可开发水电利用。但是,河谷两边地势陡峭,山体不稳定,在多雨时节经常会发生洪水,并导致滑坡、泥石流等灾害。

渭西河

隆阳东部的怒山支脉中段山体浑圆,山上坚硬的岩石遍布,纵然森林广布,保水蓄水能力还是很弱,除了多雨时常形成暂时性的溪河外,像渭西河这样一年常流的河流难得一见。渭西河发源于隆阳东南部汉庄团山村笋头岩子的东麓,后顺势向东北流经汉庄、瓦渡、金鸡、水寨4个乡镇,并在水寨洼子田村汇入澜沧江。

渭西河流经的地方属于隆阳温凉、高寒的山区,年降水量在700—1300毫升之间,且集中在5—10月份,因此在这段时间里,河水丰盈,其他时间流量较小。汉庄、瓦渡、金鸡3个乡镇的河段是渭西河的中上游,河水从三地的边缘流过,流量较小,但这三地还有其他河水补充,对沿岸的影响不大。然而对水寨而言,从乡境北部东西贯穿的渭西河,却是唯一一条补水河流,并是乡里最重要的水源。

蒲缥河

施甸长水和隆阳的蒲缥、杨柳一带,地势呈南高北低。蒲缥河就从长水北部小官市后的长洼子自南向北流,与罗明坝河汇合后注入怒江,全长近45千米,流域面积约700平方千米。河流从施甸的山沟中流出,历经约9000米后进入隆阳,以下至蒲缥罗板村近20千米的河段,地势多在1400米以上,但是山势却十分平坦,加上流水的沉积,形成隆阳的第二大坝子——蒲缥坝,又有两股山泉和水井河、平沟河、罗板河等溪流汇入,水势愈丰,乘水热之便,蒲缥多数居民的生活和生产活动皆在此展开。罗板村以下,两岸的山势渐转突兀,河岸陡然变窄,除了在下午旗村处有河流汇合形成一个平地外,难见平坦的开阔处,直至小河口处与罗明坝河汇合。

"滇西雨屏"

"象达姑娘龙陵雨,芒市谷子遮放米",这句民谣里提到的"龙陵雨",说的是龙陵多雨,当地人亦称"山有多高,水有多深"。5月夏初的干季结束后,龙陵即开始进入漫长的雨季,一直持续到10月的中下旬,又以7月、8月和9月3个月降水最为集中。雨季时的龙陵是一座"雨城",一年

龙陵的小黑山。作为高黎贡山南延余脉，这一系列南北向的山脉阻挡了东来的暖湿气流，不但为龙陵带来丰沛的降雨，更使这里的植被覆盖率高达97%以上。

中有一半以上的日子都是下雨天，往往半月甚至一个月内都是乌云笼罩，阴雨绵绵，并且海拔越高的地方降水越多——一年下来，龙陵的平均降水量达2100毫米，相对湿度84%，6—9月更达到90%以上，成为云南最为潮湿的地方，因此有"滇西雨屏"之称。

"滇西雨屏"的形成，主要是地理的因素：横断山脉支系高黎贡山脉从北向南伸入龙陵境内，成为地势最高的一级，来自印度洋孟加拉湾的暖湿气流进入这里后，受高黎贡山脉阻挡而被迫抬升，迎风坡处形成普遍降水，龙陵遂成一个多雨中心。这里孕育了多条河流，其中径流面积在50平方千米以上的有11条，径流面积在100平方千米以上的有5条。丰富的降水亦让龙陵成为中国水资源最充足的地方，人均水资源量为中国平均水平的40倍以上，水电储量达54.59万千瓦。温暖多雨的气候也孕育了莽莽丛林，历来就是一个原始森林茂密、鸟兽极多的地方，至今还保留有54.6%的森林覆盖率。

雪山

高黎贡山笔直南下，到龙陵山脉走向变得凌乱，形成帚状山系，雪山就是这个山系中最雄伟的一座山脉。它位于龙陵东部，怒江和苏帕河分别从东边和南边流过，南北走向，长近30千米，宽16千米，山脊线在2500米左右，主峰大雪山海拔3001米，冬季会被积雪覆盖。

因西南气流迎面吹来，山间潮湿多雨，是龙陵江河的发源地之一，龙陵境内最大的河流苏帕河就源于此。在水分、热量的差异分布以及生物的影响下，山中的土壤发育为红壤、黄壤、黄棕壤、棕壤和亚高山灌丛草甸土等类型。这里植被繁茂，并随海拔变化从低到高呈现栎类萌生幼林或灌丛、常绿阔叶林、季雨林、稀树灌木草丛等不同的植被类型。中山地带的湿性常绿阔叶林面积最大，基本处于原始状态，生态系统十分完整，动植物种类丰富，不乏野生稻、长蕊木兰、绿孔雀等珍稀物种。

山体连绵高耸，不利于大型气流的攀越，而深陷的河谷无疑成为西南而来的气流的绝佳通道。气流沿着河谷向东向北移动的过程中，受阻挡不断改变方向，速度逐渐降低并下沉，温度随之升高，从而形成龙陵、腾冲交界处的湿热河谷气候。

与怒江沿岸的干热河谷不同，这里不仅热量充足，降水也很丰富，年平均气温超过20℃，7月平均气温25—29℃，年降水量也在1500毫米以上。冬春北方干冷气流肆虐的季节，又有赖于两边山体的屏障，河谷中常雾浓霭重，平静无风。

气候		土壤
寒温带	亚高山草甸土	
中温带	棕壤	
南温带	黄棕壤	
北亚热带	黄壤	
中亚热带	红壤	
南亚热带	赤红壤	

气候　　　　　海拔　　　　土壤

大雪山气候及其土壤垂直分布示意图

龙川江湿热河谷

龙川江出腾冲五合后，就在龙陵、腾冲、梁河三地边缘的山谷中辗转，成为三地的界河，在龙陵、腾冲交界河段，大体上呈现为以腾冲团田燕寺村为顶点，形成一个开口向西、近乎直角的大拐弯。拐弯内河谷地势平坦开阔，两旁的

这种情况下，河谷两岸都郁郁葱葱，动物种类极多。

香柏河温泉带

龙陵西北部处于怒江断裂和瑞丽—龙陵断裂的交会部位，断裂活动频

繁，衍生有香柏河断裂，香柏河大体上就沿着这条断裂蜿蜒。地下水流经深部热源加热后，沿着断裂涌出来，使得香柏河两岸温泉遍布，成为本区四大高温热田之一，自东向西有黄草坝、大竹林、小烂田、老户蚌、邦腊掌温泉群等多个温泉群。这些温泉群都分布在香柏河沿线，泉水沿着花岗片麻岩、混合花岗岩的成岩裂隙与风化裂隙涌出。因补水区域内水源充足、离热源近，温泉的流量稳定，泉眼处泉水温度多在60℃左右，高者达100℃以上。

香柏河温泉带周围常有中、小规模的地震发生。地震发生期间，因岩石相互摩擦，有时会产生地光现象——地震时人们用肉眼观察到的天空发光的现象。1976年5月29日在平达盆地发生7.3级地震时，就发出带状光、柱状光、片状光、扇形光、火团、火球等不同形态的地光，并有青白色、红色等不同颜色。

香柏河温泉群分布示意图

本区有干热、低热和湿热等几种特殊的河谷类型。与潞江坝（相关内容见第55—56页）和枯柯河低热河谷（相关内容

见第73—75页）炎热少雨的气候条件不同，龙川江湿热河谷兼具热量和降水量的优势，谷内生机盎然，良田遍布。

邦腊掌温泉

作为香柏河温泉带中最具特色的温泉群,邦腊掌温泉被誉为"奇水神汤"。它分布在龙陵县城西北12千米处、海拔1300米的香柏河两岸的幽谷中,共有大小泉眼600口,长约1000米、宽200米的范围内,就有氡氟泉、碳酸泉和硫黄泉3种温泉,含有钠、钾、钙、镁等23种化学元素,矿化度高,其中氡、氟含量为中国各大温泉之首。泉区从东到西水温逐次降低,按照喷涌姿态和热度的不同,可分为上硝、中硝和下硝3个地段。上硝段温泉的水色、水温、喷涌形式各有不同,有随季节、气候和水温变化呈清、乳、墨等不同颜色者;也有相距咫尺,却因通道不同,水温相差70℃者;更有涌止不定的间歇泉。中硝有汽泉喷出,泉水涌水比较温和,泉眼相对较小,然而分布集中,水量甚丰。下硝以喷水激烈出彩,水柱离地7—8米甚至10多米,泉口被强有力的水流冲刷成一口"大滚锅"。

邦腊掌温泉处在断裂发育地段,香柏河断裂沟通了西边的龙陵—瑞丽和东边的怒江断裂,地震时有发生,并形成新的泉眼,泉区内的"大沸泉"即是在1976年的地震中形成的。与此同时,泉眼溢出的流体数量、颜色、温度等变化也携带来自地壳深部的信息,可作为监测地震的窗口。通过观察,曾监测到地震前后下硝有泉眼产生断流、迁移、温度、流量急剧变化,以及上硝有泉眼产生喷沙、冒水,甚至喷射出高达数十米的水柱等现象,因而邦腊掌温泉被地震工作者视为"地球的肚脐眼"。

黄草坝温泉

黄草坝温泉出露在龙陵龙新西北黄草坝村的香柏河左岸河畔上,是东西向展布的香柏河温泉带最东面的一个温泉群,也是龙新温度超过60℃的4个温泉之一,海拔1818米,呈北东—南西向带状分布,与香柏河的流向一致,空隙岩体为花岗岩。

温泉周围地势较为平缓,东北部稍高,平坦处多已开辟为农田,高、陡处还有成片的森林,泉水流入附近的农田,使田中水温保持在20℃以上,作物生长速度快,早稻比没有温泉灌溉的地区要提前10天成熟。现在泉区各泉眼之间有沟渠相通。

蚌渺湖

龙陵中部龙新气候温和湿润,年降水量2200毫米以上,森林资源丰富,苏帕河就从东部的小黑山中流出,在茄子山村附近形成一段北东走向的V形河谷。这里地质稳定,两岸地形完整、对称,基岩为坚硬、透水性小的燕山期花岗岩。今人在这段河谷拦河筑坝,并建成茄子山水库,即蚌渺湖。

蚌渺湖地处小黑山山脚,现在湖区水域面积约4.74平方千米,总库容量1.25亿立方米,为保山第一大人工水库。湖内绿岛林立,生长出茂密的植被。湖水清澈,游鱼肥美且数量繁多,并且吸引了许多野鸭、鸳鸯、鸬鹚等禽鸟来此繁衍,湖边的浅水多草地带还栖息着成群的白鹭。另外,湖区西边的龙泉寨里断裂发育,有温泉涌出。

苏帕河

苏帕河是龙陵境内怒江最大的一条支流,源起大雪山南麓的龙新大硝河村,龙新河段和象达河段的一部分呈东北—西南走向,在象达澡塘头村西部折向东南,最后在三江口注入怒江,沿途有大硝河、勐昌河、石洞河等17条支流汇入,

苏帕河上游流经龙陵中部地区，河谷开阔，沿岸阶地、河漫滩发育。

全长71.2千米，流域面积667平方千米，平均河宽10米。

河流上游是龙陵中部相对平坦的地区，水流较缓，多数支流都在这一河段流入，控制了苏帕河的大部分流域面积；下游为河谷地段，流水集中稳定，落差很大，水能丰富。从发源处到交汇口，河流总落差近1700米，年均产水量8.93亿立方米，水能蕴藏量达31万千瓦。

勐梅河

勐梅河发源于龙陵大雪山北麓镇安淘金河村茨竹坪的海拔2200米高处，全长近33千米，平均河宽8.3米。从茨竹坪开始，自南向北流出6200米与黑水河交汇，称镇安河；然后下镇安坝纳三岔河，于镇安河尾进入峡谷，叫张田河；此时改向东流，接纳了箐门口河始称勐梅河；接着又吸纳了邦迈河和龙塘河，最后在海拔650米的地方汇入怒江。中游有一处瀑布，分三级跌水50多米，两岸是悬崖峭壁，左侧还有温泉涌出，致使山谷热气蒸腾，当地人称之为"热水塘瀑布"。

由于靠近断裂带，岩体破碎，岩石节理裂隙发育，勐梅河流域的地质不稳定，加上水分充足以及河水的冲刷破坏，陡坡上的土体、岩体因水分饱和容易诱发滑坡、泥石流，大垭口、320国道及勐梅河二级电站是灾害发生的集中区，其中大垭口更是龙陵最大的滑坡区，已有100多年历史。现在修筑水坝、砍伐、采矿等人类活动使山体更加脆弱，灾害的潜在威胁加重。

怒山尾翼山地

怒山山脉进入施甸已接近尾声，山峰海拔降到3000米以下，但仍保持着北高南低的走势，这片怒山南向最后的山地因此被称为"怒山尾翼山地"。怒江、勐波罗河分别从施甸西部和南部边界穿越山地，施甸河从中部的甸阳向北流至由旺，后取道西南汇入怒江。

组成山地的大山，以施甸河为界，可分为两列：北部一列由大阴山、弥勒喜山、老坎山、董家山头、五里凹山等组成，从北向南延伸；另一列从亮山头开始，串联木莲花山、大尖山、象山等向北延伸。东部山脉山体宽大，与西部的山脉合围留下中部的狭长山谷，经过沉积最终形成近90平方千米的施甸坝子——高山、平坝、峡谷纵横交错，施甸"三河两山夹一坝"的地貌由此形成。

河流的切割侵蚀作用，在山地间形成多个河谷盆地。在差异明显的立体气候下，境内森林、草原、湖泊相映成趣，动植物资源丰富，有楸木、紫春、黄楠、银杏、柚木以及金丝猴、山驴、马鹿、水獭、孔雀、白鹇、绿斑鸠、犀鸟等珍稀物种。

四大山

施甸县城以东8000米处，4座山峰南北纵列，成为县治甸阳和木老元的分界山，人称四大山。这4座山峰分别为：四大山（主峰），海拔2624米；迎风亭，海拔2607米；无名峰，海拔2441米；鹰窝山，海拔2427米。这里气候寒冷，多裸露岩石。

由于地表土壤为黑色深层土，这里仍然有森林、草原成片分布，森林中以壳斗科、杜鹃科、桦木科、栎类、杨柳科、樟科、木兰科、杨梅科树种为主，并有部分云南松、楸木、桤木、华山松及蕨类。四大山及其周围7.5平方千米的范围被开辟为摩仓国有林场，森林覆盖率达59%。山中蕴藏有铅锌矿资源，主要矿点有东麓的熊洞岩。

施甸坝子夹在怒山尾翼山地中，为一狭长的山间盆地。

由于气候不佳，土壤相对贫瘠，四

石瓢温泉

因主泉眼岩石凹陷形如水瓢而得名的石瓢温泉，位于施甸西北等子大坪子村海拔近1200米的山谷里。这里的泉眼有10余处，零散分布在面积约1平方千米的密林峭石中。泉水有的从树根盘桓的古树旁边流出；有的分布在小溪里，涌出以后就直接与溪水交融；有的泉眼嵌在悬崖峭壁上，如瀑布倾泻而下。根据泉眼形态的不同，可分为石瓢澡塘、月牙澡塘、冲腰澡塘、仙人洞蒸汽浴、谷底澡塘等泉区。石瓢温泉是保山为数较少的几个碳酸泉之一，泉水温度在50—80℃之间，出水量大，泉水清澈，含有多种矿物质和微量元素，除可用于洗浴外，还可直接饮用。

娲女温泉

施甸甸阳西边的何元李子梅村坐落在斯拉底山麓，地形陡峻，气候湿润多雨，又属于滇西横断山脉小断裂带的控制范围，地质构造破碎，土层松散，容易诱发滑坡、泥石流、崩塌，是施甸地质灾害的重灾区。但是破碎的地质结构也为深处地底的泉水提供了出路，每天有1000吨以上的温泉涌出。温泉出水面积近1平方千米，七八个泉眼沿澡塘河两岸狭小的河谷分布，水温在48—57℃之间。由于地层矿物丰富，不同泉眼矿物组成各有不同，可分为酸性、碱性、中性等不同水质，并含有砷、氟、铁、锰、硒、锶、硅等20多种特殊的矿物质。当地传说就连女娲也忍不住将此作为沐浴休息之地，所以又被称为"娲女温泉"。

姊妹湖

施甸坝南部偏西处山体低矮瘦小，三块石水库和蒋家寨水库就坐落在这一带的蒋家寨附近，位于姚关坝西北部。这两座水库都是拦截怒江支流姚关河上游的水利工程。蒋家寨水库居北，三块石水库在南，彼此相连如姊妹相依，故称"姊妹湖"。其中三块石水库得名于库区内一座孤山，其西北角有一块古生叠石，因裂隙分层形成3块。

湖区东北部四大山森林茂密，摩仓林场的森林覆盖率达59%，是湖区除天然降水以外的主要水源。林区涵蓄的水流通过老黑龙洞长年稳定地输入湖中，先注入蒋家寨水库，然后再流入三块石水库。除了老黑龙泉水和降水，蒋家寨水库还有8处泉水补给，但水量很

大山植被分布参差不齐，但草场则颇为发育，东麓建有牧场。

北

姊妹湖地貌示意图

小。姊妹湖的水源清澈纯净，但是堤坝隔断了流水的自然流动，使循环周期延长，有机质在库区里积聚并腐化分解，湖内水质变差，湖区内的养殖业更加快了这种趋势。

姚关坝

姚关坝是施甸姚关的核心地带，平均海拔1780米，面积约13平方千米，形状不规则，中间分布有次级地貌岗地。它是一个高原型古湖石灰岩溶蚀丘陵盆地，距今2万年前，因流水切割形成缺口，坝区里原来的姚关古湖湖水外泄，大部分的湖盆转为陆地。但是山邑村一带由于地势偏低，湖水未

能排去，年深日久形成面积约2平方千米的湿地，鱼草肥美，吸引了成群的野鸭、白鹭在此栖息繁衍。因很长的地质时期里属于浅海区域，石灰成分长期沉积，石灰岩广布，坝子内发育有较为典型的岩溶地貌，与湿地和其他的古湖遗址相映成趣。

在北亚热带季风气候控制之下，姚关坝年平均气温约14℃，降水丰沛，又因地处姚关河中上游，有4条小河汇集于此，且河床平缓，河道蜿蜒曲折，泄水能力较弱，雨季时易生洪涝，以致稻田收获甚微。坝上的土壤主要为姚关河挟带物质沉淀形成的冲积土壤，有少部分是由姚关古湖的泥炭、冲积物等物质混合而成的黑土。与保山坝相似，姚关坝很早就有人类居住，在距今8000多年前的旧石器时代晚期，"姚关人"就开始在此生活，是滇西最早的人类发祥地之一。

野鸭湖湿地

姚关野鸭湖湿地，即在

原来姚关古湖低洼处形成的湿地，是姚关坝的一部分，位于姚关山邑村内，因常年野鸭成群而得名，当地人还称其为"海子"。其周围山冈环抱，植被良好，石灰岩受水分侵蚀，岩溶地貌发育，相当部分的湖水就是经由山下的岩溶洞穴补充的。区内海拔1780米，年平均气温15℃，最高气温29℃，年降雨量约1099毫米，雨季集中在5—10月，年无霜期有280天左右。

湖中有2座小岛，湖区平均水深1.5米，湖内生长着海菜、芦苇、蒲草、鱼腥草、野生莲藕等水生植物以及鲤鱼、大头鱼、胡子鱼、老虎鱼、鳅鱼、鲫鱼、海子鱼等鱼类。因生态良好，吸引了大量的野鸭和鸳鸯、红鹳、秧鸡、白鹤等野生动物前来"落户"。现湖区内已种上许多荷花，每年夏季时荷花摇曳，景色宜人，其余的还保留天然湿地的模样。由于填湖造田等原因，湖区的水域面积已经由以前的近2平方千米缩小为不到1平方千米。

勐波罗河

勐波罗河，在傣语中意为"大森林地方的河流"，在隆阳境内被称作东河，发源于老营

猴子石卡山西侧，穿过保山坝后出隆阳进入昌宁，因流经枯柯坝、卡斯和湾甸坝，所以中段常叫作枯柯河、卡斯河以及湾甸河，于施甸、昌宁和永德三地交界处纳永康河后始称勐波罗河。此后一路沿施甸、永德边界穿行，最后在施甸旧城大山村汇入怒江，全长208千米，怒江入口处的年径流量为2654亿立方米。

施甸境内勐波罗河长22千米，流程内峡谷与宽谷相间，宽谷规模普遍不大，主要有面积约8平方千米的旧城坝。由于西岸高山对气流的阻隔，河谷内水分补充、蒸发不平衡，旧城内年降水量仅900毫米左右，年蒸发量却高达

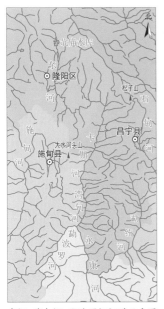

东河、湾甸河、勐波罗河河道示意图

1900—2100毫米，干旱突出；同样，由于高山的阻隔，这里寒潮、台风影响较少，年平均温度在21℃上下，气候长夏无冬，没有明显的四季之分，只有旱季和雨季之别，大体表现为低热河谷气候。受气候的影响，河谷内的土壤主要发育为燥红壤。

施甸河

施甸地貌表现为"三河两山夹一坝"，施甸河是重要的一个要素，其为"三河"之一，中部的"一坝"——施甸坝也主要受它的泥土沉积而形成以及依靠它的河水来滋养。施甸河古称银川河，因河流流经施甸县城和施甸坝而得名。全长约54.5千米，流域面积660平方千米，途中有32条山川溪流汇入。

自甸阳东南部的鹰窝山和大黑龙山之间流出后，施甸河上游由南向北纵贯施甸坝，这一河段地势平坦、流水和缓，所经之处都是肥沃的土壤，乘水利之便，成为施甸的天然粮仓。行至由旺施甸河转向西南，进入高山深谷区，并在何元注入怒江，这一段河长27.5千米，流水湍急、落差很大，从海拔近1600米降到海拔637

米，是河流水能资源的集中河段，水能理论蕴藏量可达5.05万千瓦。

太平河

发源于施甸太平大莽林山麓，在太平境内近南北流向，于施甸、隆阳交界处的杞木林进入隆阳，由东南向西北纵流，并在道街石头寨注入怒江。太平河上游河段地势平坦，河水搬运物质的能力不强，挟带的泥土被带出不远就沉积下来，于是就在原来红壤覆盖的基础上形成长5000米、宽1000米、面积约4平方千米的太平坝。这一河段长约10千米，流域面积38.8平方千米，年平均径流量约0.15亿立方米，流域内气候温和、土壤肥沃，是烤烟、甘蔗等经济作物的高产区。至太平坝尾，太平河两岸山峰变得陡峻，河谷与两岸山峰的高差加大，河水流势加急并切割河谷，搬运物多数都随河水流至怒江入口处，成为潞江坝的冲积源之一。

天堂山

要了解"千年茶乡"昌宁，到天堂山看成片的野生红裤茶林和茶林内的千年古茶

树，会有更深入的体会。它位于昌宁北部，又称狮子坛梁子，是怒山尾翼山地的组成部分，最高峰松子山海拔2875.9米，位列昌宁第一。天堂山是怒江、澜沧江两大水系的分水岭，山上和附近地区是莽莽丛林，森林覆盖率达95%以上，共有56.19平方千米原始森林。

林区内山河纵横交错，属湿润型山地气候，年均气温11℃左右，降雨量颇多。区内有植物1920种，不乏稀有的各种杜鹃和川滇木莲，有的呈连片分布。云豹、黑熊、穿山甲以及白鹭等181种陆栖脊椎动物和114种鸟类活跃林间。优良的水分涵养条件，使天堂山成为天然的水库，湿地众多，放射状流出的泉水汇聚形成昌宁境内的右甸河、橄榄河、大田坝河三大河流。另外，天堂山的矿物资源也十分丰富，山上还有500多万吨的优质硅矿资源。

尼诺山

盛产"滇绿珍品"——尼诺茶的尼诺山，坐落于昌宁中东部温泉境内，距昌宁县城约40千米。这座山平均海拔1875米，山坡被沙质黄壤覆盖，结构松散，通风透水，土质肥沃；气候温凉，年平均气温13.9℃，年降雨量1650毫米，干湿季分明。

这里的环境易生云雾，常常可以看到早雾晚霭的景象，且雾期长，尤其是秋末春初的少雨季节，周围的河谷坝子多被白雾笼罩，适合茶叶种植的生态环境得天独厚，附近的居民生产茶叶的历史悠久，现在山坡山谷很多地方都被开辟为茶地。由此处出产的以大叶种茶为原料而制成的尼诺茶具有芳香性好、经久耐泡的特点。经研究显示，该茶氨基酸含量比同等大叶种茶高40%。

受季风和地形影响，本区形成怒江干热河谷（如潞江坝）和枯柯河低热河

枯柯河低热河谷

西南而来的印度洋暖湿气流，如果没有低缓的通道，盛行的大型气流就只能先从迎风坡顺势而上，经冷却成云致雨失掉多数水分后再下沉到背风坡。下沉过程中气流随海拔的降低温度逐渐升高，致使所经之处气候干燥炎热，勐波罗河沿岸昌宁和施甸交界的低热河谷地带，就是这样形成的。施甸的低热河谷主要分布在木元老、摆榔、旧城等乡镇；昌宁的则分布在柯街、卡斯与湾甸3个乡镇，是保山地区第二大低热河谷区，因这一勐波罗河段又叫枯柯河，故被称为"枯柯河低热河谷"。

枯柯河低热河谷分布在由枯柯河水系冲积而成的枯柯坝子和湾甸坝子，年平均气温在21℃左右，常年基本无霜，气候相对炎热，卡斯在当地甚至

谷，谷内雨量少而土壤干燥，农作物全年都依赖河流的灌溉。

本区山高谷深，峡谷多呈"V"字形，其中橄榄河峡谷兼具地表径流和地下河的滋养，植被生长尤为旺盛。

被称为"火炉之乡",冬季时植物仍能保持生长,水稻甚至可以一年三熟。地表以红壤为主,土地肥沃,虽然降水较少,但是有枯柯河水补充,所以非常适合种植橡胶、油棕、咖啡、香蕉、杜果、荔枝等热带经济作物、水果以及各种反季节作物,同时也是盛产甘蔗和大叶茶之地。

橄榄河峡谷

橄榄河峡谷位于昌宁柯街以北4000米处,因橄榄河流经此处而得名。发源于天堂山的橄榄河从谷底流过,河水湍急,沿河床向西南而下。由于受到流水侵蚀作用,峡谷内形成异石嶙峋、悬崖众多的地貌,岩石多为坚硬的板岩和粗粒斑状花岗岩。

峡谷内地热资源丰富,海拔2525米之处就有一处热泉,名叫"橄榄河热泉",是滇西有名的热泉资源之一。热泉水质无色透明,最高水温达80℃,10多眼热泉沿着山腹中岩隙或喷薄而出,或缓缓渗流,使得这一段峡谷雾气氤氲,一年四季气候温暖湿润。此外,由于水能充足,昌宁人在峡谷内拦河筑坝,建起当地装机容量最大的水电站。

鸡飞温泉群

传说有金鸡飞出而得名的鸡飞温泉,位于昌宁鸡飞楂子树山西麓的澡塘河畔,以峰奇泉美闻名,总流量约10升/秒。温泉所在的山麓怪石嶙峋,大大小小的温泉就从上面的石罅流出。数米高处的岩石形成深约3米的锅状凹陷,常年泉水源源涌出,躬身即可洗漱,谓之"大石锅"。旁边的小石锅深和宽都不足1米,但水温可达90℃,置蛋于内少顷即熟,珠泡连串浮起。大石锅后面石洞中有两个泉眼,虽仅隔一道巴掌宽的石堤,但是却一个热泉如沸,一个寒泉冽肤。另外还有一处大蒸塘,颜色会随时间不同而变化多端。泉水涌出地面后,温度下降使一些可溶性物质在泉眼处沉淀,形成各种各样的泉华。

泉区内两座相距20余米的天然石塔拔地而起,一座由巨石相叠而成,上面的一块石头稍大,中间以3块卵石镶嵌,吹风时铮铮有声却岿然不动。另一座形状较小,顶端平缓,塔下有泉水汩汩流出,以至塔身上长出泉华凝结的丝丝纹路。两塔组合在一起就犹如一个丈夫倾身安慰哭泣的妻子,所以称作"公母塔"。

大秧草塘湿地

昌宁北部山高林密,水源充沛,排水不畅的地方常年积水,多形成沼泽。漭水沿江村因有右甸河南北贯穿,故名"沿江"。村境内一座海拔2500多米的山头如鹅头巍然突起,名为鹅头山,山间的台地上就分布有大片的沼泽湿地,称作大秧草塘湿地。

该湿地沿右甸河分布,四周都是高山和原始森林,属于高山草本沼泽类型;四周的流水都往湿地汇集,涵水丰富,初步查看湿地平均深度有2米,最深处有5米,湿地里多余的水分从缺口流入右甸河,是右甸河的主要水源。沼泽由于长期处于过湿状态和水草的作用,土壤泥泞,常有牲畜陷入其中而丧命,但是仍有很多野生动物频繁穿梭于湿地和附近的森林之间。大秧草塘湿地原本有56.7万平方米,近年来由于人类破坏使部分湿地开始退化,现在仅剩20多万平方米。

右甸坝

右甸坝是坐落在昌宁中部的一个新月形的坝子,也称昌宁坝,属怒山尾翼山地峡谷区,因右甸河由北向南贯穿其间而得名。在新生代时,右甸坝还是一个半封闭的内陆湖盆——右甸古湖，一度是鱼群肥美、原始森林广布、动物麋集的莽野之地。后来由于地质构造运动以及河流、雨水的侵蚀切割，古湖东南部逐渐形成现在的九甲大峡谷，湖盆中的积水由此泄出，古湖范围逐渐缩小并最后消失成为今日的右甸坝。

右甸坝平均海拔约1700米，面积40.3平方千米，南北长约10千米，其四面环山，东西地势极不对称，东部山体瘦小单薄而西部则高大浑厚，中间的右甸河沿着"新月"的弧边，向西部的山体凹进，从北向南贯穿坝区。由于海拔较高，且西部和北部都有较高的山体阻隔，坝区气候温凉，温差小，降雨充沛，湿度大，年平均气温15℃，属于亚热带季风气候，加之风小，凹陷的地形不利排泄，水分容易凝结成雾，因此坝子内时常雾气弥漫，冬季尤其频繁。温凉多雾的气候以及酸性的红壤、广泛发育的红色石灰土，非常适合茶树生长，昌宁人很早就开始茶叶生产，故昌宁有"千年茶乡"之称。

右甸河

天堂山林木苍莽，溪泉极多，并汇集形成昌宁的数条主要河流，右甸河即是其中之一。其从天堂山主峰松子山东麓发源后款款而出，纵贯昌宁中部的漭水、右甸、达丙、温泉4个乡镇，长50多千米，然后进入凤庆、云县，最后汇入澜沧江，昌宁以外河段还有南桥河、罗闸河等叫法。

右甸坝由古湖演变而成，坝内土层深厚，地形开阔，右甸河从中穿过，带来充足的水源。

右甸河上游沿途山峰秀丽，植被葱郁，杜鹃、古茶树随处可见，森林中云豹、黑熊等珍稀动物活跃其间；漭水沿江村的鹅头山的沿江台地上发育有连片的高山湿地；在漭水与右甸交界的地方，地质条件稳定，拥有丰富的大理石资源，建有河西水库，成为下游地区灌溉、生活的主要水源。水库下游不远处就是右甸坝，由右甸古湖不断缩小并接受右甸河的侵蚀冲积形成。

白马河

昌宁、施甸交界处，九个山、兰山、大水河头山的诸峰绵亘百里，可截住东、西方向的气流，形成丰富的降水。山上森林广阔，山间发育有多条河流，白马河就从兰山海拔2500多米的高处发源流出。

白马河上游落差明显，兰山山体有大量的古生代玄武岩，形成多处陡峭的崖壁，河流经过这些崖壁时便形成跌水。因此，在12千米的流程内，就有总落差达1800米的多层次的瀑布。如二道桥村东部，河水从挂蜂岩巅飞泻而下，落差有270多米，谓之为"兰山瀑布"。白马河的源源流水把岩石切割得奇形怪状，拍打

白马河河床卵石密布。

岩石的声音震耳欲聋，直达数百米以外；河道上水珠飞溅，并常在上空形成水雾。流出兰山山间后，白马河就进入低热河谷平川，最后汇入枯柯河。流水也变得平缓起来，成为当地滋润良田沃野的水源，沿岸稻花飘香，并有大片的蔗林。

黑惠江

从云南西北部丽江老君山密林中流出，黑惠江在本区北部流经剑川、洱源、漾濞、巍山等地后进入昌宁，出昌宁后从南涧西南部与凤庆交接处汇入澜沧江。黑惠江全长320千米，流域面积12190平方千米，年平均流量123立方米/秒，最大流量991立方米/秒，流域内有弥沙河、西洱河、顺濞

河等支流补给，流经丽江府、大理府、蒙化府、永昌府，古有"一水跨四府"之称。

虽然黑惠江水量丰富，但在本区仅有昌宁珠街能享有其鱼水之利。河流自北向南纵流珠街，长仅约22.5千米，其中有2500米的流程属于昌宁、巍山两地的界河，经流两岸都是云岭一列列近东西走向的山体，山中的8条小支流，刚刚成河就迫不及待地汇入黑惠江。河谷和沿岸的山谷组合起来，从高空往下看，就像一把巨大的疏齿篦子平放在昌宁东部。珠街最高的山峰海拔2700米，黑惠江河谷海拔最低仅为1100米，悬殊的高差使得沿岸立体气候明显，也使得河岸海拔1500米以下的地区形成"燥热"的低热河谷——气候温暖，降水偏低而蒸发量较大，生活于当地的彝族也因气候炎热，放弃在平坝居住，转而向更高的山区、半山区落户。

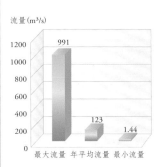

黑惠江流量柱状图

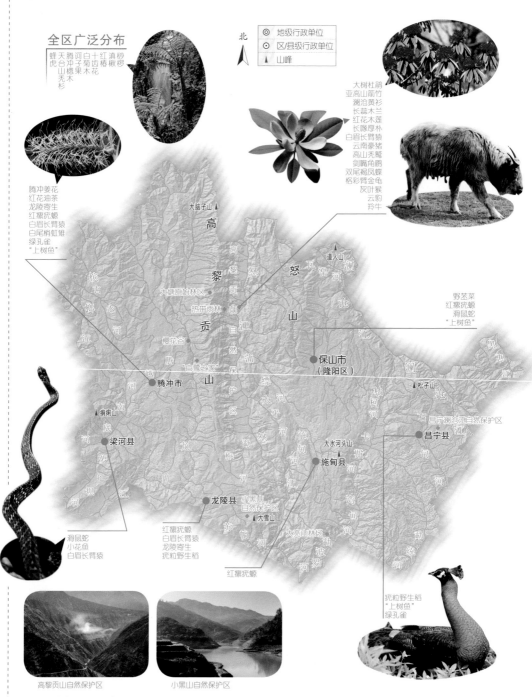

全区广泛分布

蜂天腾河白十红滇桫
虎台冲子菊子椿楸椤
山檑木齿果花
禿木杉

腾冲姜花
红花油茶
龙陵寄生
红臀沈猴
白眉长臂猿
白尾梢虹雉
绿孔雀
"上树鱼"

大树杜鹃
亚高山箭竹
澜沧黄杉
长蕊木兰
红花木莲
长喙厚朴
白眉长臂猿
云南蒙猪
高山禿鹫
剑腾角蟾
双尾臀凤蝶
格彩臂金龟
灰叶猴
云豹
羚牛

高黎贡山
大脑子山
怒山
道人山
大塘原始林区
热带雨林
保山市
（隆阳区）
野苤菜
红臀沈猴
滑鼠蛇
"上树鱼"

腾冲市
松子山
痈痈山
梁河县
昌宁澜沧江自然保护区
昌宁县
大水河头山
施甸县
龙陵县
小黑山自然保护区
大雪山
大亮山林场
红臀沈猴

滑鼠蛇
小花鱼
白眉长臂猿

红臀沈猴
白眉长臂猿
龙陵寄生
沈粒野生稻

红臀沈猴

沈粒野生稻
"上树鱼"
绿孔雀

高黎贡山自然保护区　　　　小黑山自然保护区

本区北有青藏高原为屏障，以阻挡冷空气的侵袭，南有孟加拉湾暖湿气流的补充，因此气候温暖，雨量充足，加上高差悬殊的地势，区内垂直立体气候特征相当明显。多样的气候类型和封闭的自然特性，使此处成为珍稀植物的宝库：如高黎贡山特有的大树杜鹃、从外国传入并在此处产生变异的腾冲姜花等；甚至一些从远古时期繁衍至今的古老物种也分布在此，如起源于泥盆纪的桫椤、最原始的木兰属植物长喙厚朴等。本区在动物分布上，也一样具有垂直性特征：生活在海拔2800米以上高山地带的高原物种羚牛；生活在海拔2000米以下林间草地上的热带、亚热带物种孔雀，乃至生活在海拔800米以下的冬眠动物滑鼠蛇等，都能在本区寻觅到它们的踪影。

勐河竹类植物化石

在植物界，属单子叶植物的竹类算得上是"小字辈"——处于植物演化系统中相对进化的位置上，因此在世界上少有发现竹类化石的报告。直到2003年，人们在龙陵勐河电站建设工地才发现世界首个竹类化石地质剖面。

该化石层分布在地表2米以下，长约20米，宽约10米，厚3—4米。这些化石呈灰褐色，形状完整，竹根、竹秆、竹节、竹叶都保存得非常完好，甚至竹叶的脉络都非常清晰，剖面上还可以看到许多竹管化石。除了竹类化石以外，化石层内还伴有多种阔叶（双子叶）植物的化石。据地质学专家断定，这些竹类化石属碳酸沉积岩，大约形成于距今40万—20万年前，但具体年代还待进一步测定。

受喜马拉雅运动的影响，喜马拉雅山系隆升成为气候屏障，把部分水汽都截留在西侧和南侧，并阻挡寒冷干燥的北方气流，使得这两侧地区既温暖又有充足的水分，适合更多竹类生长。而龙陵就在该山系支脉高黎贡山南麓西坡，纬度又低，自然是竹类植物安身的合适场所。勐河竹类化石的出土，证明云南是世界竹类植物的发源地，也间接反映了本区在新生代时湿润温暖的气候特点，同时也为木本蕨类植物桫椤在此地残存提供了佐证。

热带雨林

保山位于北纬24°08'—25°51'之间，一般来说是亚热带气候的控制范围，但是区域内的山体走势为南北纵向，西南气流过境时被迫抬升并在山前留住大量的水汽才能继续前进，在背风坡下沉的过程中，由于山峰与河谷的落差较大，气流温度上升，使得个别地区气候炎热干燥，具有热带稀树草丛的特征，如潞江坝的干热河谷。但是，在一些区域，由于特殊的小气候存在，干热的河谷区域内仍能形成热带雨林，隆阳白花岭分布的热带雨林即是其中的一例。

这片雨林分布在芒宽南部白花林村的百花岭中，海拔1300—1500米，是现有有记录的纬度最北（北纬25°19'）、海拔最高的热带雨林。它分布在高黎贡山北面与怒江的接壤处，虽然西南的过境气流在此下沉造成气温上升，但幸运的是，洗澡河（澡塘河）深且窄的河谷的存在，使水分蒸发变慢，而且这里因接近怒江水汽

"十里热海"常年热气弥漫，形成温暖、潮湿的小气候，适宜热带雨林生长。图为镶嵌在澡塘河谷中的温泉区，四周植物茂盛。

通道，降雨亦相对丰富，年降水量达1900毫升……多种因素的叠加，在这里形成温热、湿润的小气候区，所以适宜雨林的生长。雨林沿洗澡河（澡塘河）呈带状展开，因此属于热带季节性雨林中的沟谷雨林类型。林内树木群落高大，层次结构复杂。热带雨林的标志物——乔木巨大的板根、大型的木质藤本随处可见，树木的枝干上天南星科、胡椒科等附生植物肆意生长，形成色彩斑斓的"空中花园"。乔木底下还有各种大叶草本植物，如野芭蕉、穿鞘花等。

高黎贡山南段生物走廊带

高黎贡山北起青藏高原，南抵中南半岛，地势由北向南徐降，跨越了5个纬度带，连接高原和海洋，是当今地球上仅存的由湿润热带森林到温带森林过渡的地区。同时，高黎贡山所处的地理位置使之犹如一座连接亚洲大陆中部和南部的桥梁，在漫长的生物演化进程中成为南北生物迁移扩散过渡的走廊，形成现今"动植物种属复杂、新老兼备、南北过渡、东西交汇"的格局，并被誉为"世界物种基因库"。其南段生物走廊带位于保山、龙陵、腾冲之间高黎贡山脉主体南延部分，地处东经98°43'58"—98°47'55"、北纬24°49'20"—24°58'10"之间，最高海拔2668米，最低海拔1653米，总面积近5000平方千米。由于在这里存在高黎贡山国家级自然保护区及小黑山省级自然保护区两个划分出来的自然区域，走廊带有时又特指连接这两个区域的地带。

在现代气候条件下，由印度洋吹来的西南气流带来了丰富的降水，为生物的繁衍提供了生命之源。区内悬殊的高差，使得山顶高处终年云雾缭绕、寒气逼人，而底部的河谷却炎热干燥，加上复杂的地形，使得山上"一山分四季，十里不同天"，立体气候明显。从上到下苔藓矮林、草甸、寒温性灌丛、寒温性竹林、温带中山湿性常绿阔叶林、亚热带半湿润常绿阔叶林、亚热带季风常绿阔叶林、热性河谷稀树灌草丛等植被类型依次呈现，植物资源丰富，不乏长蕊木兰、红花木莲、大树杜鹃等珍稀植物。此外，由于受古冰川影响较小，该地带也成为桫椤、秃杉等孑遗种的天然避难所，许多古老物种得以保存。

丰富的植被类型和植物种类自然也使走廊带成为动物的天堂，各种动物在其适应的气候类型和植被类型的区域内各得其所，如白眉长臂猿、熊猴、短尾猴、黑熊、白鹇、猕猴、小熊猫、林雕等都是这里的主人。一些动物甚至借助走廊带实现迁徙，如高黎贡山自然保护区特有的高海拔地段的小熊猫沿着生物走廊带迁到小黑山省级保护区，而小黑山省级自然保护区特有的低海拔地区的蜂猴则沿着生物走廊带来到高黎贡山自然保护区。通过走廊带，其他动物种群间的基因交流得以实现。

昌宁澜沧江自然保护区

昌宁澜沧江自然保护区总面积243.77平方千米，以天堂山江边国营林场为核心区和科学实验区，范围涉及漭水、大田坝、右甸、苟街、珠街等5个乡镇，跨怒江、澜沧江两大水系，是枯柯河、黑惠江、右甸河、打平河等主要支流的经流和发源之地，为重要的水源涵养地。保护区内地貌类型丰富，地势复杂。地层分布比较齐全，中生界分布广泛，古生界也有大量分布，而时代最新的新生界只在局部有出露。

昌宁澜沧江自然保护区（上图）和高黎贡山森林群落（下图）生态保存较好，常绿阔叶林分布面积广。

区内最高海拔2875.9米，最低海拔1050米，立体气候明显，低海拔的干热河谷处年平均温度18.4℃，寒冷山区年平均温度仅7.6℃，年降水量在625—1500毫米之间。共有7个天然的植被类型，9个亚型以及32个群系，又以偏干性季风常绿阔叶林分布最为广阔。丰富的植被类型也使保护区成为动植物的天堂，根据调查，有植物197科806属1920种，其中国家级保护植物21种，如秃杉、川滇木莲、长蕊木兰、野山茶等，也有茂密的杜鹃灌木林和古茶树林。此外，还有动物181种，包含了数十种珍稀动物，如云豹、熊猴等。

小黑山自然保护区

小黑山自然保护区以其独特的地理位置，成为连接高黎贡山、铜壁关与滇西南各保护区的重要纽带，同时也是萨尔温江（怒江）与伊洛瓦底江（龙川江）两大河上游的水源涵养区域。保护区面积达160.12平方千米（核心区70.77平方千米，实验区89.35平方千米），分布在龙江、镇安、龙山、龙新、碧寨、象达、天宁、勐糯8个乡镇，由古城山、小黑山

来凤山国家森林公园　森林总面积16.56平方千米，由4个互不相连的片区组成。森林覆盖率高达90%以上，这里植被异常茂盛，且品种繁多，常见松树、杉木，并种有2000多株茶花树，品种达110个。由于生态环境优越，来凤山成为各种野生动物的理想栖息地，有野生鸟类300多种，兽类50多种。尤为可贵的是，每年都有大量白鹭在此繁衍生息，成为公园内的一大特色景观。

（含大、小雪山）、一碗水、江中山等高黎贡山南延帚状山系的支脉组成。

区内海拔600—3001.7米，高低悬殊，沟岭众多，气候多变，稀树灌木草丛、季雨林、半湿性常绿阔叶林、中山湿性常绿阔叶林、落叶阔叶林、针叶林、山顶苔藓矮林、竹林等不同植被类型均有分布。群落复杂多变，植物种类繁多，已记录的野生种子植物就有2000多种，其中裸子植物6种，双子叶植物1800种，单子叶植物382种，兰科、菊科、蝶形花科、茜草科、禾本科、蔷薇科、樟科植物众多，不乏珍稀或特有种植物，如云南红豆杉、大树杜鹃、长蕊木兰、桫椤、秃杉、红椿、大果木莲、疣粒野生稻、普洱茶、猕猴桃、云南梧桐等，并有不少种类成林分布。森林内有脊椎动物约300种和昆虫约500种，其中就有绿孔雀、蜂猴、灰叶猴、白眉长臂猿、金钱豹、彩臂金龟、黑熊、白鹇、林雕、红瘰疣螈等国家级珍稀保护物种。

大亮山林场

施甸东南部乡镇姚关、万兴、酒房、旧城之间的大亮山上，绵延着近50平方千米的茂密森林，从海拔1900米一直延伸到海拔2982米。这里雨水充沛，气候多变，素有"半年雨水半年霜"之称。

区内植被类型丰富，森林覆盖率在90%以上。松科、樟科、杜鹃花科、桦木科、杨柳科、木兰科、壳斗科、杨梅科植物是林区的主要树种，其中以华山松最多，并有红豆杉、铁杉、秃杉、楠木、白杏、雪松、旱冬瓜、桫椤、大树杜鹃以及各种灌木、藤本植物和草本植物，亦不乏名贵的中草药材。此外，还有黑熊、豹子、猕猴、凤头鸟、野鸡等珍稀动物活跃林中。在良好植被的涵养下，善洲林场所在区域溪沟发育，是怒江和勐波罗河部分支流（如施甸河）的发源地。

20世纪60—70年代大亮山曾遭大规模毁林开荒，原来的原始森林受到严重破坏，到80年代时变得林木稀疏、山石裸露、溪流枯竭，很多珍稀物种消失或濒临灭绝，后来当地人停止砍伐林木并进行人工造林，才使大亮山的森林生态系统逐渐好转，物种也逐步得到恢复，森林覆盖率由原来的40%左右增加到现在的90%。如今大亮山林场内多数树林是人工林，面积有近34平方千米，都是根据森林生态系统的需求混合种植的。

大塘原始林区

1919年大树杜鹃的发现令大塘始为外界所知；1980年在海拔2400米的森林深处发现数千株20米以上的大树杜鹃，则令大塘一夜之间闻名于世。然而，地处腾冲界头的大塘拥有的绝不仅仅是大树杜鹃。这是高黎贡山中段西麓，气候温和多雨，山上立体气候明显，孕育出不同的植被景观，加上其濒临中缅边境的地理区位，受人类活动的干扰较少，是高黎贡山保存较为完好的原始林区之一。

林区内林木葱茏，分布有木莲、樟木、腾冲厚朴、红苞木、楠木、木荷、含笑、栲等几十种珍贵树木以及各种高山野生药材，树林中古藤缠树，青苔丛丛，枯枝落叶厚积，呈现出亚热带常绿季雨林的景观，山脊上分布有大面积的草甸和箭竹。在森林的涵养下，山间流水极多，龙川江就由此发源南行。除了植物资源，大塘原始林区内还有种类繁多的动物，如大灵猫、林麝、熊猴、熊、白尾梢雉、剑嘴角鹛等。

樱花谷

高黎贡山地区历来环境闭塞，人迹罕至，千百年来各种生物得以自由地繁衍，形成茫茫丛林，至今仍保留多处独具特色的原始森林。出腾冲腾越溯龙川江北上到达西岸的北海双坡村，就有樱花谷以原始的姿态示人。樱花谷地处高黎贡山西麓，汹涌的龙川江水在谷底奔腾流淌，两岸多怪石林立，谷内还有4处天然地热温泉及多处瀑布和溪流点缀丛林之间。

樱花谷属亚热带阔叶原始森林，年平均气温16℃，1450—1850米的海拔范围内，从低处河谷的蕨类、藤本植物肆意杂生的阔叶森林到山顶的针叶林，不同植被立体呈现。原始而古老的大树杜鹃、"活化石"桫椤、巨大的芭蕉以及生长在岩石上的千年阔叶巨树等260多种珍稀植物在这里生长良好，野生樱花更是遍布谷坡。林中还有100多种国家级保护动物，如滇金丝猴就活跃于古树枯藤间。

亚高山箭竹灌丛草地

高黎贡山河谷众多，地形复杂，相对高差大，气候条件复杂，造就了保山和腾冲地区丰富的生物资源，自然也包括竹亚科植物。这类植物在高黎贡山上就有13属46种，其中约有1/3为本地的特有种，类群结构之多样实属世界少有。这里的竹类植物起源大多较晚，而进化较好的箭竹属则是分布比较广泛的竹类之一，种类、数量都比较多，并形成大面积的竹林。

箭竹属于高山竹类，是为适应古气候变化而进化出来的真花序散生型竹类。由于

本区立体气候显著，高寒地带适宜箭竹生长，温暖湿润的低海拔区域则常见普通竹类植物，隆阳境内就分布有不少这类竹子。

对热量要求低，对不良气候、不良环境的抗性强，多见于区内海拔3000米以上的寒冷高山、亚高山地带，如高黎贡山、道人山、小黑山等。箭竹林常和其他适应严寒气候的灌丛、草甸地一起分布，有时还和玉山竹属竹类邻近出现，是区内羚牛、小熊猫等野生动物的主要活动范围，也是它们主要的食物来源和栖息环境。

箭竹灌丛草地是保山和腾冲山区的顶层植被景观之一，并对高山、亚高山地带及以下地带水源涵养、水土保持、生态稳定起到很重要的作用。然而，它的分布带却较为狭窄，而且分布带上地质地貌条件复杂、灾害频繁，生态系统十分脆弱，加上人类活动的干扰，分布的面积和范围正逐年减少。

立木山古茶树林

昌宁有"千年茶乡"之称，山野间有很多古茶树及古茶树群分布，有的天然野生，有的经栽培采摘后遗弃，树龄从上百年到一千多年不等，涉及多个茶种。位于翁堵的立木山林木郁郁葱葱，气候温和湿润，雨量充沛，多生云雾且空气湿度大，又有呈弱酸性的土壤，十分适宜茶树生长，在海拔2800米左右的地方遍布着近7000平方米的古茶树群。

据说立木山古茶树多数都有几百年的树龄，错节盘根，需两三人才能合抱。有上百株古茶树为天然野生，且由一株古茶树发展而来。个别高达10米，株高5米的比较多见。这些茶树都是纯生态生长，没有经过施肥，再加上不是建材，山下农民又自种茶叶，因此百年来一直无人问津。然而，由于近几年茶价上涨，立木山茶树曾一度遭附近村民大肆采摘、移植、砍伐，现情况已有所好转。

古核桃树群落

气候温凉，山地宽广，土壤肥沃且呈弱酸性，无论气候、光照，还是土壤，昌宁的环境条件都跟核桃的最早种植地之一、与其相邻的漾濞非常相似，因此核桃树遍布境内13个乡镇海拔1400—2450米的山区。经考察，在湾甸、漭水、更戛、翁堵、柯街等乡镇地势低凹的潮湿密林中，发现有多处野生古铁核桃树群落，总面积近6.7平方千米。这些铁核桃树群落大都生长在海拔1400—2000米之间，且"数代同堂"，大小不一，株从几十厘米到数十米不等。许多植株虽历经数百年，但依然枝繁叶茂，照样开花结果。

昌宁种植核桃的历史，可以上溯到1000多年前。其中在昌宁湾甸芒回村背阴寨豹子洞的原始森林里发现的古铁核桃树群中，高龄者将近千年，最大的一株树胸径2.2米，基径超过6米，树高30多米。另外，在昌宁柯街东部仙岳村的山上也生长着3株古老的核桃树，属于细香核桃品种，树龄都在700年以上，树皮粗糙、颜色深沉，枝干苍劲，每年每株还能结果2000个以上，被称为"仙岳核桃王"。

一碗水桫椤群落

一碗水其实是龙陵龙山的一个村子，是小黑山林区的组成部分，林木荫翳，珍稀物种极多。最为难得的是，村子的周边生长着连片的桫椤群落，面积达2平方千米。这些桫椤大部分树干粗壮，胸径达二三十厘米，高4米的比比皆是，10米高的植株也有不少，树龄多数都有数百年，长达2米的羽状或鳞片状的叶片在茎顶螺旋排列，如同一把把巨伞擎立于林间。桫椤，又叫树蕨，当地人称之为"花猫头"，起源于3.5亿年前的古生代泥盆纪，中生代时曾是地球上最繁盛的植物，是素食恐龙的食物。历经多次地质变迁和气候变化，特别是第四纪冰期后，仅在个别山间能窥见其身影。

一碗水地域受印度洋暖湿气流的影响，一直以来气候温暖湿润，雨量充沛，是热带和温带两大动植物区系汇集、交错、过渡的地带，是古热带植物区的边缘地带，符合桫椤对生存环境的要求，加上受冰期影响不大，此处便成为桫椤的"避难所"。桫椤树干富含淀粉，20世纪六七十年代当地村民曾用来充饥，但却没有大肆破坏，因此多数的桫椤植株都得以保留下来，形成当时少见的面积广、密度大的桫椤群落。

天台山秃杉林

秃杉是古、新近纪保留下来的孑遗植物，最早于1904年在台湾中部中央山脉乌松坑被发现，零散分布于湖北、贵州、云南等地以及缅甸。本区内，腾冲、昌宁、龙陵、梁河、隆阳均有分布，但是很多都是人工繁殖而来，其中腾冲界头的天台山西坡上就有一片3.3

本区生物资源独特而丰富，桫椤、秃杉、大树杜鹃、银杏等多种珍稀植物都能在此生长。图为一碗水桫椤群落（上图）和腾冲高黎贡山秃杉林（下图）。

万平方米的人工秃杉林。共有秃杉3000余株，平均树高32.4米，平均胸径38.5厘米，林龄54年，每平方千米立木蓄积量1370立方米，是目前为止世界上树龄最长、面积最大、单位面积活立木蓄积量最高的秃杉林。

由于秃杉对生存环境的要求极为严苛——最高温不能超过30℃，最低不能低于0℃，土壤的含水量也要求在狭小的范围内，对光照也有严格的要求，1—3年幼苗在全光照条件下会生长不良，幼龄期以后变为喜光，因而多生于高山台地、缓坡地、山麓、河谷两岸地带。

作为"孪生兄弟"，秃杉与另一种杉树——台湾杉，容易被人混淆，皆因两者不仅分布地区相似，外形也十分相似。秃杉的叶稍窄，球果的种鳞稍多。树高可达75米，胸径2米以上，树干圆满通直，树皮淡褐灰色，有不规则的长条裂片；嫩叶和幼树的叶为镰状锥形，老树叶为鳞状锥形；花单性，雌雄异株。秃杉结果年龄较晚，要60—70年才开花结果，结果量较少，自然繁殖能力较弱，虽然可以生长上千年，数量依然稀少。

红花油茶幼时耐阴，长成大树后需充足阳光，适宜分散栽培。图为腾冲马站云华村的红花油茶林。

红花油茶林

论及中国名花，不得不提位居"八大名花"之列的云南山茶，而本区的腾冲红花油茶既是云南山茶的原始种，又是最优良的品种之一。腾冲也因此被称为"红花油茶故乡"。

据考证，腾冲红花油茶的栽培历史已有1000多年，腾冲山脉纵横、河网交错、温暖多雨、云雾弥漫的环境，以及肥沃的偏酸性土壤，都十分适合红花油茶生长，使其繁衍演变非常迅速。它们主要分布在海拔1900—2200米之间的山林上，林中品种繁多，几乎所有的云南山茶花园艺品种都可以从中找到相似或相对应的原生种，总体上又可分为三大类群：单瓣结果类群、半重瓣类群以及重瓣类群。

每年春季花开的时候，红花油茶的花朵几乎占据了腾冲的诸多山乡，以马站的云华片区和曲石的秧草塘分布最为集中，其中云华境内相邻的5个村子里就有近13平方千米的半原始老林。云华境内的红花油茶林相传已经有500年的历史，个别群落甚至达到1000年。另外，在腾越洞山和西山坝的林场中还有大面积的人工红花油茶林，是1959年以来陆续种植的，主要用于产籽榨油。

大牛场草地

处于湿润多雨的高黎贡山西麓，腾冲的大多数地方历来不缺乏雨水的滋润，森林连片展开，不时还有清新的草甸点缀。腾冲腾越西北14千米处，就镶嵌着一片天然牧场——

大牛场。大牛场与北海湿地相连，周围都是沉睡中的火山。它的形成与这些火山关系密切，火山喷发后，大量的熔岩堰塞河道，使地面升高、河水淤浅，久而久之，形成高原草甸。

大牛场草场面积约13平方千米，其乡土草种为细柄草、发草、底线草、灯芯草、石芒草、火绒草、茅草、黄灯盏和其他一些不知名的野草和草药。近年来当地为发展养殖水牛、黄牛、梅花鹿，种植了产量更高的狗尾草、黑麦草、白三叶、鸭茅等新的牧草。

大树杜鹃

高黎贡山犹如一个杜鹃类植物的天堂，种类繁多的杜鹃类植物都丛生在乔木底下，唯独大树杜鹃能长出20多米高，与其他乔木争夺蓝天。大树杜鹃属于杜鹃类植物的原始古老类型，是高黎贡山特有树种，也是杜鹃类植物中最为高大的乔木树种，但是直到1919年才首次被发现。

大树杜鹃树皮褐色，树叶宽厚，革质，呈椭圆形至倒披针形，幼叶背面有淡棕黄色毡毛；总状伞形花序顶生；

木质蒴果长圆柱形，微弯，有棱，被深褐色绒毛。大树杜鹃的花也是杜鹃植物中最为硕大的，直径可达20厘米，并且数十朵花成团绽放。每年2—3月鲜红、粉红的杜鹃花挂满枝头时，就像朵朵彩云飘浮在树上。这些大树杜鹃大小不一，小的隐没在常年荫蔽的灌丛中，但生长良好。大的一株高达28米，基径3.07米，树冠61平方米，树龄在500年以上，枝干上爬满了青苔，树皮已经斑驳脱落，号称"大树杜鹃王"。

大树杜鹃择地极严，要求生境气候温凉，多雨高湿，土壤疏松、排水良好，大多数分布在高黎贡山西麓海拔2250—2480米的地带。保山目前仅在腾冲界头大塘村高黎贡山海拔2250—2780米（主要分布在海拔2340—2600米）的沟谷两侧有发现，并与壳斗科、樟科、木兰科、山茶科植物混合成林。由于大树杜鹃分布区域狭窄，幼树生长极缓慢，繁殖能力低，数量增长极为缓慢，大塘村域中的一些大树杜鹃甚至已经处于衰退阶段而不具备恢复能力，数量正逐渐减少，需要专门保护。

与一般的落叶灌木型杜鹃不同，大树杜鹃属常绿型，是杜鹃花属中最高大的乔木树种，其花朵鲜艳而硕大（小图）。

古银杏

作为现存种子植物中最古老的孑遗植物，银杏素有"活化石"之称。它最早出现于3.45亿年前的石炭纪，中生代侏罗纪时期曾广泛分布于

腾冲水热条件优越，银杏树在江东村生长旺盛，植株粗壮。

欧、亚、美洲。至第四纪冰川运动时期，其他同门的植物已灭绝，仅银杏在中国得以保存。目前除中国以外，银杏在朝鲜、加拿大、法国、澳大利亚等国家也有大量分布。在本区，银杏主要见于腾冲固东江东古银杏村。

银杏属落叶乔木，高可达40米，胸径4米。树皮灰褐色，树冠圆锥形，老则广卵形。叶呈放射状散生，叶柄细长，叶片扇形。花朵小巧，不明显。果实卵形，俗称白果，成熟时淡黄色或橙黄色。雌雄异株，3月下旬至4月中旬开花，9月至10月为果实成熟期。其中，银杏果具有一定的医疗保健作用，现代科学证明它具有抗大肠杆菌、葡萄杆菌、结核杆菌等作用。因含氢氰酸毒素，不宜多吃或生吃银杏果。

本区银杏的分布地——江东古银杏村，属亚热带高原山区，地处横断山脉西麓，受印度洋西南季风控制，年均气温14.6℃，十分有利于银杏的生长和收获。由于该地西面紧邻国家火山地质公园，属火山灰沉积区范畴，土质肥沃、厚实，因而所产银杏果实圆大饱满，色泽白亮。此外，银杏在该村的分布面积达6.7平方千米，共有3万余植株，江东村也因保存有1000多株百年以上的古银杏树而被称为"古银杏村"。据考证，明洪武年间，江东先祖"三征麓川"时，到达腾冲戍边，发现大片生长良好的银杏林，便在此地安营扎寨。

楠木树王

楠木是中国特有的树种，因材质优良，无收缩性，不腐不蛀，且散发阵阵幽香，成为名贵的用材树种，仅在四川、云南、贵州、湖北、湖南的亚热带地区阴郁潮湿的山谷、山洼和河旁有分布。龙陵的小黑山属亚热带季风气候，在地形上处在印度洋暖湿气流北上的迎风坡，降水丰沛，土壤为中性或微酸性的黄壤土，土层深厚、肥沃，排水良好，是楠木生长的绝佳之地，有多种楠木在此生长。

小黑山上有一株古楠木树，树龄已达300多年，号称"楠木树王"。据考证，这株楠

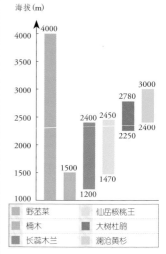

本区主要植物生长海拔对比柱状图

木属于黄心楠，又叫普文楠、虎皮楠、细三合。树高30米，胸径2.47米，冠幅达25米，树上还附生有大重楼、半夏、芦子，并受青藤缠绕。树皮灰色，叶倒卵形至倒披针形，圆锥花序。花期5—6月，果实10—11月成熟。生长速度十分缓慢，长至60—70年才进入生长旺盛期，成材则需上百年。历史上，楠木曾被大量砍伐，用于宫廷建造和家具制造，明清以来，楠木就十分稀少。因此，这棵存活至今的"楠木树王"显得极为珍贵。

澜沧黄杉

在所有黄杉属植物中，澜沧黄杉是分布最西的种类，也是中国的特有种，仅见于横断山脉中南部中山地区至北部亚高山地区中部的云南、西藏及四川局部地区，分布在海拔2400—3000米的山区上。保山的高黎贡山区是其生长地之一，多见于以长穗高山栎、高山松、怒江黄果冷杉、华山松、云南红豆杉以及几种槭树植物为主的针阔叶混交林中。

澜沧黄杉树干高大通直，树高可达40米，胸径0.8米，树皮粗糙，深纵裂，呈暗褐灰色；枝条平展，颜色有淡黄色

澜沧黄杉的球果。

或绿黄色、淡褐色或淡褐灰色不等；叶长条形，排列成两列，有灰白色或灰绿色气孔带。每年4月开花，10月果实成熟。果实为棕红色球果，卵圆形或椭圆状卵圆形，种子为三角状卵圆形。

澜沧黄杉的种子是山中鼠类的食物之一，成熟以后多数被食用，因此天然更新的幼苗很少。又由于其木材坚韧细致，为优良用材，是采伐对象，目前数量有限，大片的自然群落难得一见。

滇楸

滇楸又名楸木、紫花楸、光灰楸，属于被子植物，是紫葳科梓属落叶乔木。滇楸对生境的要求比较严格，生长地一般年平均气温10—15℃、年降水量700—1200毫米。喜中性土、微酸性土和钙质土壤，同时又要求土壤肥厚、土质疏松湿润并且排水良好。因此在本区主要分布在气候温暖湿润

的保山一带海拔1400—2400米的平缓山间坝子以及怒江、龙川江等河谷地带，并有种植成林。

滇楸高可达20米，主干端直挺拔，树皮有纵裂，枝杈少分枝，花冠淡紫色，有深紫色斑点。生长速度较快，第一年即可生长2—3米，15年即可成材。滇楸比一般楸木更为高大，材性较楸木硬重，多用于制作高级家具及装修材料。另外，滇楸叶、树皮、种子、花均可入药，对治疗耳底痛、胃痛、咳嗽、风湿痛等具有一定疗效。

红椿

被称为"中国桃花心木"的红椿，因其材质纹理通直、质软、耐腐，是中国珍贵用材树种之一。在原种基础上，有滇红椿、毛红椿、思茅红椿、疏花红椿4个变种，分布比较广泛，见于中国福建、湖南、广东、广西、四川、云南等地以及印度、中南半岛、马来西亚、印度尼西亚。在云南保山地区，自然分布于海拔1500米左右的沟谷疏林中。因其材耐腐拒虫，在当地有"树王"之称。

红椿又名红楝子，幼苗通体红色，长大后树皮灰褐色，并有鳞片状纵裂，树叶变成绿

色，高20米以上。新枝被柔毛，后变无毛。羽状复叶互生，小叶对生卵状披针形或椭圆状卵形，纸质。圆锥花序顶生，几与叶等长，花两性白色，长圆形，花丝、子房和花盘均披毛。结成长椭圆形蒴果，木质，有苍白色皮孔，种子两端具圆状卵形膜质翅，通常上翅比下翅长，用于借助风力传播。

红椿主要分布在气候温暖湿润，年平均温15—22℃，年降水量1250—1750毫米，相对湿度80%的地区。除幼苗或幼树具有一定的耐阴性，基本上属于阳性树种。在土层肥厚、湿润且排水良好的疏林中生长较快，尤其是在火烧迹地或退耕地，天然种更新效果很好。在适宜的生境下，红椿的萌芽更新能力比较强，但是由于具有多方面的用途，容易遭到砍伐，因此天然分布零散。

长蕊木兰

木兰科是被子植物中最为原始的种群之一，且相当多种类极其珍稀，有"植物界的大熊猫"之称，而介于原始的顶生花木兰亚族与进化的腋生花含笑亚族之间的长蕊木兰就显得更为珍稀。中国境内，它仅在云南和西藏的墨脱有零星分布，见于偏干性北热带季雨林，雨林地带及南亚季风绿阔叶温良湿润、潮湿地区，本区零星分布于高黎贡山上向南海拔1200—2400米高的山坡和山脊上。

长蕊木兰高可达30米，树干通直挺拔，质材良好，小枝无托叶痕，叶子尾状渐尖，长圆状倒卵形或长圆状椭圆形，革质，具柔和光泽；花纯白色，气味芳香，花被片9—11，外轮花片长圆形，内两轮倒卵状椭圆形；果实为聚合果，内向开裂，9—10月成熟。

长蕊木兰为偏阳性植物，幼树更需要在全光照下才能正常生长，作为种群的上层成分与山茶科、壳斗科、杜鹃花科、樟科等混交成林，分布处常见有瓦山锥、栲丝锥，可见各种木质藤本以及附生植物。林内潮湿阴暗，多苔藓，自然更新能力较差。由于森林遭到破坏，长蕊木兰与其他珍稀木兰科植物一样，目前已处于濒危状态。

红椿的羽状复叶细小，枝叶繁茂，树冠如云，观赏价值较高。

长蕊木兰（上图）和红花木莲（下图）均属木兰科乔木树种。

红花木莲

在高黎贡山上，生长着一种珍稀植物，它的花色会随气温的变化而变化：气温越低花色越红，气温升高花色变淡。这种稀有的常绿阔叶乔木名叫红花木莲，在中国见于西藏、云南、贵州、广西、湖南等省，印度东北部、尼泊尔、缅甸及越南北部也有分布。在本区，腾冲、龙陵的高黎贡山脉及其支脉海拔1700—2500米的山林是其分布较为集中的地带。红花木莲适合在温凉湿润的环境中生长，在雨量充沛，云雾多而日照少，年平均温约13℃，年降水量不低于1500毫米的气候条件下生长良好。常与鹿角栲、木莲、瑞丽山龙眼、亮叶含笑、木瓜红等混生成林。

红花木莲树高可达30多米，树皮平滑、灰色；小枝有托叶环状纹和皮孔；叶革质，浓绿，互生，长圆状椭圆形或倒披针形，春末换叶频繁；5—6月开花，单生于枝顶，清香艳丽；9—10月果实成熟，外种皮深红色、可吃，骨质内种皮黑色，通过吸引鸟类啄食消化外种皮而留下内种皮完成传播，根据气候条件的不同，果实有明显的大小年之分。

红花木莲，是原始的木莲属植物中比较原始的种类，对研究该属分类、分布及周边植物区系有一定意义。由于自身繁殖能力低，数量稀少，已难见有成林分布，再加上不断被采伐而面临灭绝的危险，属渐危种，已被列为国家级保护植物。

腾冲楤木

属于五加科楤木属的一个品种，为灌木，高约1.5米，枝干、叶柄都被刺；3回羽状复叶，无毛，具长柄，小羽片4至6对，叶轴各节基部有一对纸质小叶，长圆状披针形或长圆状卵形，边缘有锯齿；花期8月，花白色，大圆锥花序，疏散，顶生，主轴及分枝无毛或几无毛，分枝互生总轴上；果实绿色，10月成熟，球形，具5棱。

楤木在中国黄河以南至两广北部、西南、东南都有广泛分布，腾冲楤木分布于云南西南部，腾冲海拔约1400米的松林是其模式产地。受气候以及土壤的影响，腾冲楤木比其他楤木品种形态要小很多（高2—8米），具有小枝、伞梗、花梗等密生的黄棕色绒毛退化的特征。

龙陵寄生

在腾冲、龙陵海拔1500—2000米山地阔叶林中的桦木科、壳斗科植物上，常见有一种小灌木寄生树上，开着橙红色花朵——龙陵寄生，全称龙陵钝果寄生，是桑寄生科钝果寄生属植物。

这种小灌木高度仅有0.5米到1米，嫩枝和叶子密被褐色星状茸毛，但以后会逐渐脱落；叶互生或近对生，薄革质或革质，呈卵状长圆形或长卵形，橙红色；顶端渐尖或急尖，基部楔形；花果期8月至翌年2月，伞形花序，常具花4朵；果实为浆果，长圆形，果皮革质，表面布满颗粒状体或小瘤体。

龙陵寄生属植物有近60种，中国有15种，遍及亚洲和非洲的热带至温带地区。除腾冲、龙陵外，龙陵寄生在贡山、潞西以及景东皆有分布。

十齿花

卫矛科的十齿花是单种属植物，为一种高3—13米的落叶小乔木，树皮灰色、不裂；叶披针形至矩圆形互生；花期4—5月，花两性，聚伞花序，白色；蒴果圆锥状椭圆形或圆锥状卵圆形，革质，被灰褐色长柔毛，果梗弯曲；果实于9—10月成熟，种子肉质，黑褐色；入秋后树叶逐渐转红，并在秋末落叶。

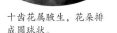

十齿花属腋生，花朵排成圆球状。

十齿花分布在中国西部边缘的西藏、云南、贵州和广西等省区，还见于印度、缅甸，分布地区跨越热带至中亚热带南缘，常见于海拔较高的山地上。在腾冲、龙陵分布在海拔800—2400米山间，由水青冈、檫木、厚斗柯、山桐子等组成的树林中。它属偏阳性植物，生境多为疏林或灌丛，但对庇荫的树林有一定的承受能力。适宜生长在黄壤和黄棕壤的土壤当中。

白菊木

虽然白菊木属于菊科植物，但与其他草本菊科植物不同，它属于木本家族中的一员，在菊科的进化、区系起源方面有研究价值。白菊木属于落叶小乔木，高2—5米，树皮灰色，条裂；枝条黄色，有条纹；叶纸质互生，椭圆形或长圆状披针形，背面被白色绒毛；花生于枝顶，白色，两性，头状花序并多个复聚排列形成复头状花序。白菊木在早春落叶，花期3—4月，当地雨季来临时萌发新芽，秋季果实成熟后，瘦果依靠上面的冠毛借助风力来完成传播。

白菊木在中国仅见于云南，是阳性树种，对阳光和热量要求较高，怒江、枯柯河海拔1100—1800米之间的干热河谷是其主要分布地带，多见于虾子花、红皮水棉树、火绳树为优势树种的稀树灌木草丛中，可作为识别干热河谷地带燥红壤的指示植物。虽然干热河谷地带符合白菊木对阳光和热量的需求，但却不利于种子的萌芽，因土壤干旱，天然

的幼苗稀少。一直以来当地人把白菊木作为薪柴灌木随意砍伐，也是其稀有的重要原因。

长喙厚朴

作为木兰属植物最原始的一种长喙厚朴，以果实长有6—8毫米的喙而得名，为落叶乔木。树皮灰褐色，叶互生，5—7片集生枝顶，倒卵形，坚纸质，叶柄粗壮，与托叶连生；花期5—7月，花朵硕大芳香，凋谢后形成圆柱形聚合果，并在10月成熟；11月落叶后即进入休眠期。

迄今为止，长喙厚朴仅在中国云南和西藏局部地区以及缅甸北部有分布，喜欢干湿明显的气候，在年平均气温约10℃、年降水量约1500毫米的气候下生长良好。在本区，腾冲高黎贡山海拔2100—2600米的范围是其主要的分布带。

长喙厚朴生长缓慢，一年中仅在干热季、雨季、雾凉季各生长一次，且种子寿命短，成熟后需尽快播种，自然繁殖能力不强，加上木材纹理平直、结构细、少开裂和树皮可做厚朴入药，常遭人砍伐用做建筑、家具、细木工材料以及剥蚀树皮，致使长喙厚朴日益减少，鲜见有长喙厚朴成林分布。

诃子果

诃子果属于常绿乔木，高达20米，枝条白色或淡黄色，近无毛，皮孔细长；叶互生或近对生，呈卵形或椭圆形，近革质；花期5月，穗状花序腋生或顶生，果期7—9月。诃子果是使君子科植物诃子的成熟果实，形如橄榄。幼果称作藏青果，青色无毛而表皮粗糙，成熟后为黑褐色。

成熟后变为黑褐色的诃子果实。

诃子果在高温、湿润、阳光充足的地方生长良好，但耐旱、耐霜，多生长在海拔950—1850米之间土壤疏松、排水良好的阳坡、林缘上。云南的西部地区是其在中国的天然分布区域，年降雨量在1000—1500毫米，尤其在本区"雨乡"龙陵最多。加工后的诃子果可制成药用保健品，也可制成果品饮料，对喉炎、胃炎等病症有一定疗效，因而广西和广东都有大量种植。

腾冲姜花

原产于亚洲热带地区（如印度和马来西亚的热带地区）的姜花，又叫野姜花，蘘荷科姜花属的草本植物。大约在清代传入中国各地，并逐渐产生变异形成新的品种，在腾冲发生变异的一种就叫"腾冲姜花"。这种植物喜欢冬季温暖、夏季湿润的环境，不耐寒，且抗旱能力差，生长初期适合半阴环境，到了生长旺盛期则需充足阳光，因此多见于腾冲海拔1600—1700米靠近路边的树林边缘。

腾冲姜花高70—80厘米，叶上面光滑，下面有毛，长圆形或狭椭圆形，每年7月开花，穗状花序长达24厘米，花朵密集、黄色，有多片形状、大小不同的花瓣围成狭漏斗状。其以分枝繁殖为主，容易栽培，春季时只需切取根茎，栽入盆中或地里即可。腾冲姜花气味清新，具有一定的观赏性。

野苤菜

苤菜，又叫宽叶韭、观音菜，百合科葱属，多年生草本植物。肉质叶基生、条状，具葱香味，叶鞘抱合成束状形成假茎柱形；四季皆有花葶（自基生莲座抽出的无叶花序梗）抽出，以夏季最多，近三棱形、绿色，伞形花序，抽薹后约10天开花；果实呈球形，但种子中途败育，花而不实；通过根状茎不断分蘖新的植株来进行繁殖。

苤菜多野生，性喜冷凉，忌高温、强光、积水，在湿润、土壤疏松透气的环境中生长良好，多生于海拔1000—4000米的山坡林下、溪边或草甸。本区内的隆阳道人山是野苤菜生长的天然"菜园"。道人山海拔3560米，濒临澜沧江，特殊的地理环境和多样的气候，使得道人山具备丰富的生物基

腾冲姜花的花序呈穗状，花冠管比较纤细。

腾冲石斛　因总花梗基部的苞片较大，并呈鞘状，故又名大苞鞘石斛，为国家一级保护植物。生长在海拔1350—1800米的树林内，属附生植物。主要产于云南东南部至西部，包括腾冲、盈江、镇康、勐腊、金平等地，在国外则分布于不丹、缅甸、泰国、越南及印度东北部。

因。在海拔3000米以上、年平均气温10℃的高山草甸上，长有大面积的野苤菜，在中国苤菜分布区里绝无仅有。

由于野苤菜的外形酷似韭菜，具有韭菜兼葱的辛辣味道，当地人称之为"野蒜苗"或"野葱"。野苤菜还富含人体需要的各种微量元素，有舒经活血、滋补、清凉的功效，深受当地人喜爱。每年农历六月二十五夜晚，当地还会举行"苤菜会"，为各族青年男女提供相识、相恋的机会。

疣粒野生稻

中国作为世界公认的栽培稻的起源中心之一，野生稻资源丰富，共有普通野生稻、药用野生稻和疣粒野生稻3种。其中，疣粒野生稻生长于南亚、东南亚的印度、柬埔寨、缅甸、印度尼西亚、老挝、尼泊尔、菲律宾、泰国和斯里兰卡等国，中国是其分布的边缘，目前仅见于海南、广东、云南等地。

在保山的龙陵勐糯和昌宁更嘎共发现有4处野生稻群落，均为疣粒野生稻，分布在海拔579—851米之间，群落面积悬殊。其中有三处分布地都位于龙陵勐糯，面积分别为2平方米、6800平方米以及48万平方米；第四处面积134平方米，分布在昌宁更嘎。生存环境地势险峻，都是坡度在50°以上甚至大于80°的山坡或怒江畔的山路边、杂木林中。

疣粒野生稻仅基部有少数分支，圆锥花序简单，几成单一的总状花序，是多年生草本植物。它和大戟科、马鞭草科、百合科、卷柏科等植物杂生在一起。群落具有垂直层次结构，乔木层、灌木层和草本层层次明显。荫蔽性强，符合疣粒野生稻耐阴强、在强光照环境下会因叶片被灼伤而死亡的特性，同时也能吸引更多的昆虫和小型啮齿类动物以方便种子传播。

除了上述特点，疣粒野生稻还具有白叶枯免疫、抗褐稻虱、高抗细菌性条斑病、旱生等生理生态特征，可见其自然生长、繁殖能力之强。尽管如此，由于它与栽培稻亲缘关系较远，因而用常规方法较难实行杂交育种。再加上目前昌宁、龙陵当地农民在其生长环境内进行砍伐、放牧活动，同时又遭受白茅、紫茎泽兰、飞机草等恶性杂草的侵入，疣粒野生稻的生境受到威胁，群落和数量正在减少。

"中国海林檎的故乡"

古生代时的施甸是滇西海槽的一部分，作为证据之一的，是地质学家在当地发现有大量古海洋生物化石以及多处前寒武纪、奥陶纪、志留纪、泥盆纪、石炭纪的地质剖面。当时海里的棘皮动物、三叶虫、苔藓虫、层孔虫、珊瑚类、腕足类和头足类等多种水生动物极其繁盛，后来由于地壳上升，海域收缩，施甸逐渐变成陆地，许多古生代生物因此被埋藏而成为化石。幸运的是，施甸的地质构造相对稳定，很多地层都保留得相对完整，使得沉积时的古地理环境也得以保存下来。1877年，德国地质学家就在施甸何元发现一组含有丰富海林檎化石的古生代地质剖面，施甸因此被中外地质学家称为"中国海林檎的故乡"。

海林檎是最为原始的棘皮动物，也是棘皮动物门已经灭绝的一纲，因体形像林檎而得名。在中国主要分布在云南、贵州和陕西，北方称之为"沙果"，南方则称为"花红"。它与同样在古生代繁盛的海百合极为相似：身体由冠、茎、根三部分组成，利用茎节附着在海底，有一个由不同骨板组成的膨胀壳。不同的是，海林檎具有更多的萼板，且排列不规则，有双孔或菱孔（少数单

海林檎复原图

孔）；腕茎不发达或缺失；萼顶的口呈五边形裂隙状；没有真正的肢，靠短小的没有分叉的肢臂（被称为鳃）滤取食物。

海林檎生活在古生代奥陶纪至泥盆纪时期（距今5亿—3.5亿年前），其中以奥陶纪和志留纪为最盛，因而是划分地层的极好标志。可以说，施甸海林檎化石区的发现，为滇西乃至云南的地质变化发展历程和生物起源与进化的研究提供丰富的实物依据。

白眉长臂猿

白眉长臂猿因长臂、白眉而得名，清晨会发出"呼——克，呼——克"的呼啸声，数里以外可闻，颇有气势，所以又叫作"呼猿""呼洛克猿"，也有人称之为"白眉大侠"。

白眉长臂猿体形较大，体长为0.5米，头小，面部短而扁，体毛蓬松，头顶的毛向后生长，雄兽体色黑褐，雌兽淡黄褐色，以野果、嫩叶、嫩芽为食，也吃昆虫和鸟卵等。多

白眉长臂猿是善于攀缘的树栖动物，但由于人为破坏等因素，目前正缺乏适宜白眉长臂猿生存的野外环境，它们多数被圈养在动物园里。

在2月或9月发情交配，通常每年一胎，每胎一仔，崽猴要7—9年才成年，寿命平均25年。有意思的是，它们实行一夫一妻制，与幼仔在丛林中随意起居，从不搭窝筑巢。

白眉长臂猿是绝对的树栖动物，依靠结实的手臂把身体悬挂于枝上荡越于丛林间，动作迅速准确。分布于南亚热带季风常绿阔叶林之中，而在云南北部的腾冲、龙陵、梁河等地，则多见于海拔2000—2500米之间的中山湿性常绿阔叶林和落叶阔叶林，冬季则向下做垂直迁移。但由于栖息地被破坏缩小，存留下来的栖息地支离破碎，生存能力、繁殖机会及繁殖性能都大大降低，加上人类捕猎，野外数量仅有100只左右，目前高黎贡山自然保护区是拥有种群数量较多的地区之一。

灰叶猴

生活在高黎贡山上的菲氏叶猴由于体毛如落叶，主要呈灰褐色，所以又叫"灰叶猴"。头顶长有银灰色毛冠；眼、嘴周围的毛发为苍白色；四肢细长，尾长大于体长。好吃嫩叶、花果，也采食鸟蛋，甚至捕食小鸟。

灰叶猴具有很强的攀跳能力，它们极少下地活动，在树上有一定的活动路线。令人惊奇的是，灰叶猴受惊时，常按顺序逃跑。它们对"占地为王"没有强烈的欲望，只要条件适宜就可择树而居。平时多由雄猴召唤猴群，但是8—11月的繁殖交配期则由雌猴主动向优势雄猴求爱，并于翌年的2—4月产崽。猴崽出生后，由母猴带养，断奶后开始独立生活。

灰叶猴通常在河岸和沟谷地带的热带雨林、季雨林和南亚热带季风常绿阔叶林群居，栖息地海拔高度不到1200米。由于体内生有可入药的"猴枣"（吞食体毛与碳酸钙物质而在胆囊和肠道形成的结石）而遭大量捕杀，再加上环境受到人类活动的破坏，灰叶猴的生存范围剧减，数量也十分稀少。

云豹

云豹因身上斑纹呈云状而得名，是大型猫科动物中体形最小的一种，仅有1米长。头部略圆，瞳孔呈长方形，视野范围很大，夜视能力强大，白天睡觉时能起到良好的避光效果。口鼻突出，按头颅比例来算，犬齿长度为猫科动物之最，与史前已灭绝的剑齿虎相似，有"小剑齿虎"之称。尾巴和身体几乎等长，四肢粗短有力且弯曲，爪长而有力，

本区野生动物集中分布于高黎贡山自然保护区，特有种和珍稀动物丰富，例如云豹（如图）和羚牛等。

非常适合在树上活动。大约2岁性成熟，奉行一夫一妻制，确定配偶后一般都终生相依。

云豹白天休息，黄昏和夜晚活动。主要以老鼠、野兔、小鹿、猴子等小动物为食，不敢捕食野猪、牛、马等大型动物，也很少攻击人类。捕猎时，云豹通常采取"守株待兔"的方式，借助枝叶遮掩，将与树皮颜色相近的皮毛作为保护色，守候在树枝上，当猎物靠近便迅速扑上去。

云豹分布于滇西、滇中、滇南地区，亚洲的热带、亚热带山地或丘陵常绿阔叶林中及暖温带森林均可见。目前，本区云豹多分布在高黎贡山上。然而，由于生存环境受到人类破坏，适合云豹活动的森林已经不多，同时也因其皮毛珍贵而遭到人类的捕猎，数量越来越少。

羚牛

羚牛外形独特，俨然"四不像"：角似鹿、头如马、蹄如牛、尾似驴，而体形则介于牛和羊之间，全身披着黄褐色的厚毛，颌下、颈下又如羊一般垂着长须。它们是高黎贡山的古原生动物，属于牛科羊亚科动物，在保山地区被叫作"野牛"。因双角翻转向外侧伸

厚实的毛皮有助于羚牛储存热量，从而适应高寒生活。

出，折向后方呈扭曲状，羚牛又称"扭角羚"。

羚牛不畏严寒，但不适宜在30℃以上的环境生存，是典型的高寒动物。多见于海拔2800—4200米的高山暗针叶林、针阔叶混交林、竹阔混交林、高山箭竹林、高山灌丛、草甸，并随着季节的不同而进行垂直迁徙：春季在草甸区采食禾本科、百合科青草以及嫩枝幼叶；夏季迁移至高处采集富含多种维生素及淀粉的草本植物；秋季采食果实；冬季则进入高山台地或向阳的山地，主食箭竹、冷杉等树皮及灌木嫩枝。此外，羚牛还喜舔食含硝的岩石和水体以补充盐分，在硝塘经常可见其身影。

羚牛是群居性动物，且富有纪律性，活动时强壮的雄兽担当起维护和保障队伍整齐安全的角色，并通过低沉的吼叫

来传递信息。由于体格粗大强壮，除个别猛兽外，羚牛在分布地没有能够与之匹敌的对手。8月左右是羚牛的繁殖季节，雄兽常通过格斗争雌，胜者与雌兽进入深山密林进行交配。雌兽生产后，如需单独行动，可把仔兽暂时交给其他羚牛代为照管。羚牛白天多隐匿休息，到了黄昏、夜间才出来觅食。远离人类择居，除了性情暴躁的独牛会攻击人类，羚牛一般生性憨厚，并不十分怕人，有时见了人也不会逃跑。然而也正因如此，羚牛很易上当被捕，数量越来越少，已被列为国家一级保护动物。

云南豪猪

豪猪的最大特征就是身披粗长刚硬棘刺，且身体后方的棘刺要比前方更为发达。有了这身棘刺，遇到天敌时将身体

背向对方、竖起棘刺，就可使其知难而退，云南豪猪也不例外。它们分布于马来半岛、加里曼丹岛及苏门答腊岛等地，中国常见于云南西部与缅甸交界的卡奇恩山区，在本区腾冲高黎贡山也有分布。

云南豪猪又叫短尾豪猪，外形与中国豪猪相似。体毛深褐色，到四肢逐渐转为黑色；棘刺乳白色，粗刺极少超过15厘米，而细刺则较长，约有25厘米；鼻骨较中国豪猪要短，约枕鼻的1/2；顶骨中线长约为鼻骨的1/2，额骨几乎与鼻骨等长。秋冬交配，翌春产仔，多数过着几代同堂的家族生活。一般栖息在茂密的低山森林或灌丛以及天然洞穴中，有时也会自行掘洞。白天多躲在窝中睡觉，晚上才出来啃食植物的根、茎，活动路线较固定。农民种植的玉米、薯类、花生、瓜果和蔬菜等营养丰富，因而农田经常遭其"光顾"。

云南豪猪因富含钙磷矿物质等营养成分而被称为"动物人参"，脑、心、肝、胆、胃、肉、

脂肪，甚至棘刺都可入药，具有降压、活血、祛风等功效，是药用价值很高的草食动物。此外，云南豪猪肉质细腻、味道鲜美，具有较高的经济价值。

滑鼠蛇

嗜捕食鼠类的滑鼠蛇，是一种无毒蛇类，又叫草锦蛇、长柱蛇、黄闺蛇、水律蛇等。体长可达2米以上，背面黄褐色，后部有不规则的黑色横斑，腹面黄白色。滑鼠蛇性暴凶猛，行动迅速，昼夜都可以活动。发现鼠类时立即追捕，如鼠类逃脱入洞，也会跟踪进去捕捉，当洞口过小不能进入时，就会守在洞口，猎物出来后，便以迅雷不及掩耳之势将其捉住。除了鼠类，滑鼠蛇也捕食蛙类、鸟类、蜥蜴甚至蛇类，但不吃死物。同时，滑鼠蛇也是眼镜蛇类的食物。

跟其他蛇类一样，滑鼠蛇需要有足够的温度才能正常活动，在寒冷的11月至翌年3月经常冬眠。5—7月产卵，卵数一般为7—15枚。滑鼠蛇生活在海拔800米以下的山区、丘陵、平原地带，以前常见于

坡地、田埂、沟边及民宅附近。在本区，滑鼠蛇则分布在保山、梁河地区，惧怕人类，不敢轻易现身。由于生境受到破坏以及遭到捕杀，现在数量已经不多。

高山兀鹫

在高黎贡山和怒山山脉荒凉而干燥的高寒地带，生活着一种体长约1.1米的大型食腐猛禽——高山兀鹫，又称喜马拉雅秃鹫，保山当地人称其为"老鹰"。高山兀鹫以动物尸体或动物病残体的腐肉为主食，能起到净化环境的作用，因而被誉为自然界的"清洁师"。

高山兀鹫最明显的外形特征是"秃顶"，即头部和颈部无毛或近乎无毛，其作用在于方便进食腐尸，从而避免弄污其他羽毛。颈基部有一圈领襟，活像人进食时围在脖子上的餐巾，也能起到防止羽毛污染的作用。它的喙锋利有力，可以轻易撕扯动物的内脏和肌肉。此外，高山兀鹫还是世界上飞得最高的鸟类之一，飞行高度可达9000米以上。飞行的同时还能凭借敏锐的视觉和嗅觉寻找地面上的腐尸。由于无须经常捕捉猎物，脚爪已经退化，只能满足支持

滑鼠蛇背部长有一条突起的棱脊。

身体和撕裂食物的作用。1—4月是高山兀鹫的繁殖季节，每年到这个时候，它们就在2000—6000米高的悬崖岩壁凹处筑巢，每窝产卵仅1枚，繁殖能力较弱。

每年秋末冬初，高山兀鹫便不约而同地从聚居地青藏高原沿着一定的迁徙路线——高黎贡山、怒山山脉远征至气候温和的滇西等地的高山草甸中越冬。由于迁徙时间及路线相

雀两大类（非洲有刚果孔雀，但不属于孔雀属），均在东南亚天然分布，其中绿孔雀仅见于中国云南和西藏地区，国外则见于印度东北部、缅甸、老挝、越南、泰国、柬埔寨和爪哇岛。

绿孔雀体形巨大，体长1—2米，体重可达7千克，头上一簇冠羽耸立，头、颈和胸部苍绿色，背部碧绿，中央嵌半椭圆形的青铜色斑，翅膀由

示爱最重要的武器。实际上，绿孔雀的体毛可以起到保护色的作用，以防被没有辨色能力的虎、豹、野狗、猫头鹰、鹰等肉食动物捕杀。

绿孔雀实行一夫多妻制，常由雄鸟带领雌鸟成群活动。清晨起来先进水、梳理羽翼才去觅食，中午太阳强烈时在树荫休息，黄昏时分便躲入密枝浓叶中睡觉。它们的食性较杂，种子、浆果、嫩芽、禾苗、

高山兀鹫（左图）和绿孔雀（右图）都是本区有名的留鸟：前者善飞行，因脚爪退化而多在草地或岩石上栖息；后者善奔走，白天活动于开阔地带，晚上栖息于树上。

当固定，越冬期间，保山当地人就在它们迁徙的必经之处放上死尸和"诱子"（经过驯化的高山兀鹫），很多兀鹫因此而遭受诱杀。迄今，施甸、腾冲一带仍有以"打鹰山"命名的高山，并曾有技艺超群的"打鹰世家"。

绿孔雀

孔雀可分为蓝孔雀和绿孔

黄褐、青黑、翠绿羽毛组成。全身羽毛都泛着金属光芒，只是雄鸟的羽毛更为夺目，但雄雌之间最大的区别还是雄鸟特有的尾屏。尾屏由尾羽和附在上面的细长的覆羽组成，长度是身长的两倍，平时合拢拖在身后，展开后形成宽3米、高1.5米的屏面，并有紫、黄、蓝、绿等多种颜色的眼状斑纹。艳丽异常的尾屏，是雄鸟向雌鸟

昆虫、蜥蜴、青蛙等都是它们的营养食物。其栖息地主要集中在滇西海拔2000米以下的热带、亚热带常绿树林，常活跃于疏林草地、河岸或地边丛林，以及林间草地等较为开阔的地带。然而，由于生态遭到破坏，绿孔雀的数量逐渐减少，分布区不断变小，现在昌宁还有较多分布，但是在腾冲已经很少见。

"白鹭之家"

关于腾冲荷花羡多傣族村的白鹭，有个历史典故：相传明正统六年（1441），尚书王骥"三征麓川"，有个将领因看中羡多傣族村而驻扎下来，白鹭也随之择居于此。每当夜幕降临或旭日初升，村里的树上停落着成千上万只白鹭，就像覆在苍翠树上的积雪。羡多傣族村也因此被称为"白鹭之家"。

白鹭是鹳形目鹭科白鹭属鸟类的统称，共有13种28个亚种，如大白鹭、中白鹭、小白鹭、黄嘴白鹭和岩鹭等，属于大、中型涉禽，不同的种类体态各有不同。见于非洲、欧洲、亚洲及大洋洲，虽然在世界上分布很广，但对生存环境的要求很高，活跃于稻田、河岸、泥滩及沿海小溪流，是湿地生态系统中的重要指示物种。

羡多傣族村坐落在境内的大盈江、南箐河拉开而成的二级台地上，属亚热带地热河谷区。年平均气温17℃，年降雨量约1464毫米，湖水清澈洁净，农田、池塘遍布，生态环境保持良好，因此吸引了成千上万的白鹭在此"安居乐业"。当地傣族人对动物十分友好，不仅没有伤害白鹭，而且还将它

们栖息的大青树（云南人称榕树为大青树）敬为神灵，并立下规定：凡是驱赶或有意伤害白鹭的，便是亵渎了神灵，要受到惩罚。白鹭本是益鸟，专吃油菜、小麦等作物的害虫。虽然白鹭极多，但是河中鱼虾依旧成群。除个别品种，一般的白鹭都很少捕食傣族村民借以营生的鱼虾，这是它们与傣族村民和谐相处的根本原因。

白尾梢虹雉

被视为濒危珍禽的白尾梢虹雉，因鸣声似鹅叫，又俗称"雪鹅"，其属于雉科鸡形目虹雉属。主要分布在印度、缅甸东北部、中国西藏东南部以及云南西北部，共有两个种。分布在腾冲的白尾梢虹雉属于滇西亚种。

白尾梢虹雉体形较家鸡大，雄鸟与雌鸟之间又存在较大差异。从毛色上看，雄鸟羽色绚丽，泛金属光泽，宛如彩虹，"虹雉"由此而来。头顶和头侧蓝绿色，冠羽短且向前卷曲，后颈和颈侧红铜色，背羽前蓝后绿，而下背至尾上则有近乎纯白的羽毛；雌鸟羽毛以褐色为主，并杂有黑色、棕色、白色，体色平淡。从体形上看，雄鸟体长64—70厘米，体重2.1—2.8千克；雌鸟体长56—63厘米。另外，雄鸟嘴锋比雌鸟较长。在"工作"上，雄鸟有自己的活动领域，并且通过鸣声来确认和维护领

红腹角雉　与白尾梢虹雉一样，红腹角雉的雌、雄鸟之间亦有较大区别：雌鸟上体灰褐色，下体淡黄色；雄鸟毛色比雌鸟要鲜艳得多，以深栗红色为主，还布满具有黑缘的灰色眼状斑（如图）。红腹角雉喜欢栖息在沟谷、山涧及潮湿的地方，海拔1000—3500米的山地森林、灌丛、竹林等植被地带为其生境，在腾冲有分布，属国家二级保护动物。

地；雌鸟则是典型的"家庭主妇"，主要负责孵卵和育雏。

白尾梢虹雉以野百合、崖花海桐、蕨、高山箭竹、天南星、半夏等植物的叶、茎、幼芽和根为食，偶尔也食蠕虫和昆虫。它们通常结群活动，4—6月为繁殖季节，变为单独活动。海拔3200米以上的短鞘竹竹林与亚高山草甸是目前观察所知其在高黎贡山的主要活动范围，这个狭窄地带气候寒冷，风大，雨雾多，动物容纳量低，加上其体形较大、行动笨拙、活动规律性强，很容易被人类与天敌捕杀，因此数量十分稀少。

剑嘴角鹛

近黑色的嘴极细长而下弯，是鹛科剑嘴鹛属鸟类的最大特征。其分布区狭小，仅在尼泊尔、锡金、不丹、印度、缅甸和越南等国以及中国滇西腾冲、高黎贡山、澜沧江与怒江间山脉、怒江与龙川江间山脉出现。云南腾冲、高黎贡山出现的是剑嘴鹛的亚种，名叫"剑嘴角鹛"。

剑嘴角鹛体长约20厘米，头青石灰色，有狭窄的白色眉纹，体羽橄榄黄色，脚黑色。剑嘴角鹛与其他剑嘴鹛一样，生性好动、喜爱喧闹，常发出淌水般的轻哨音及圆润的单高音。但又十分惧生，经常成对或结群活动，遇到威胁时会发出沙哑的示警鸣叫。常见于海拔1000米以上的常绿树林中，别的动物难以触及的高树顶部是它们经常活动的场所。因数量极少，目前中国境内仅有一个剑嘴角鹛的标本，并在标本胃中发现有小虫。

蜂虎

蜂虎并非兽类，而是一种小型鸟类，属佛法僧目蜂虎科。分布于非洲北部自塞内加尔至埃塞俄比亚，埃及，南亚和东南亚，自阿拉伯至越南，以及中国云南西部盈江至中部景东以南范围。在本区，则有黑胸蜂虎和绿喉蜂虎栖息于保山地区的干热河谷稀树灌木丛、草丛、草坡地带，属当地留鸟。

外形上，黑胸蜂虎前额基部一条黑线延伸到两侧，头顶至上背呈棕栗色，腰部灰白色，并缀有淡蓝色，胸部有一道黑黄色的狭形带斑，因而叫"黑胸蜂虎"。绿喉蜂虎体貌跟黑胸蜂虎相似，但是体形略小，羽色也有差别，喉、胸、腹三处都是嫩绿色并透着蓝光。

绿喉蜂虎羽毛颜色亮绿，是一种观赏鸟。

在习性上，黑胸蜂虎和绿喉蜂虎基本相同，都喜欢同种成群生活，活泼好动，经常叽叽喳喳叫嚷不停。结群飞行队列纷乱，但动作敏捷。平时栖息在河岸附近的林缘、稀树草坡等开阔地方，早上猎食蜜蜂及其他昆虫，中午在水边休息、饮水、吞食沙粒。4—6月繁殖期间，它们在林中河岸边的土崖、岩坡上掘洞为巢，用于产卵孵化。孵化由雄鸟和雌鸟轮流进行。

双尾褐凤蝶

在腾冲高黎贡山脉，栖息着一种世界珍奇"精灵"：它的翅展65—77毫米，前翅上半部有6条黄色或黄白色斜横带，8条黑色横带伸至后翅翅表；后翅长，外缘呈扇形；臀角处有3个突起，长度由外而内不断变短，且最里面的一个不明显，犹如有两双对称的尾巴；复眼上生有睫毛——这就是双尾褐凤蝶，又叫二尾凤蝶、云南褐凤蝶。

双尾褐凤蝶属变温动物，

它们的体温高低随周围环境温度的变化而变化。早春或深秋时节，尤其在气温较低的清晨，双尾褐凤蝶会张开翅膀，面向太阳取暖，等获取足够的体温后才会开始活动。而在阴天，它们就会停止活动，隐蔽起来。因此，阳光充足、树木茂盛的山林地带，是双尾褐凤蝶最常出现的地方。这些地方通常海拔在2000米左右，气候温和，冬季干旱晴朗，夏季则较为潮湿。另外，它们喜食花蜜、烂果、蛀树渗出的汁液以及人畜鸟兽的粪便等，亦常去多水之处，尤其嗜饮稍含咸味的水。

双尾褐凤蝶成虫于每年4月，一年一代，且每年的活动时间较短，所以繁殖能力不强。除了休息、进食，大部分时间为传宗接代而忙碌，雄蝶寻觅雌蝶交尾，雌蝶则要找寻寄主产卵。幼虫的寄主为一种叫绒毛马兜铃的植物，通常很多幼虫群集在同一棵树上。在生长期间，幼虫有取食脱皮的现象。每年4月，幼虫最终化蛹成蝶，成为林中舞者。

格彩臂金龟

臂金龟科甲虫属于稀有种类，全世界仅有10余种，且每一种的分布区都比较狭窄，但是多特大型种类，见于中国的有4种，格彩臂金龟就属其一。格彩臂金龟是目前为止在云南发现的唯一一种臂金龟科动物，本区仅在高黎贡山有少量分布，是国家二级保护动物。

格彩臂金龟属大型甲虫，体长椭圆形。头部较小，唇基深凹，口器为唇基遮盖；前胸背板古铜色泛绿紫光泽，背板宽大、隆起，鞘翅近黑色，有不规则斑点；前足长，股节前缘中段角齿形扩大，由齿顶向齿端呈锯齿形；雄虫前足长度可超过体长，宛如两支强臂，故名"臂金龟"。幼虫、蛹都栖息在土内，啃食树根成活，成虫后喜食栎树分泌的汁液，因此常见于热带、亚热带栎树林中。成虫受到外部干扰或有外敌侵犯时，会通过假死掉到地上来摆脱危险。

格彩臂金龟。

红瘰疣螈

红瘰疣螈，因背部两侧各有一行醒目的红色瘰粒而得名，民间又称娃娃蛇、水蛤蚧等，属珍稀物种。主要分布在中国横断山区的云南、广西，在本区，隆阳、施甸、腾冲、龙陵海拔1000—2400米的林木、草丛及水稻田附近的山区都是其栖息地。

红瘰疣螈体色橘黄，长14—17厘米，尾部就占尾长6—8厘米，体大而尾小，皮肤粗糙，密布瘰粒，头背两侧有骨质嵴棱显著隆起，犁骨齿列尖端向前呈倒"V"字形，后肢长而前肢短，行走时腹部贴地，靠后肢推动身体前进。

相对于以水为生的"表亲"——棕黑疣螈，红瘰疣螈陆营性更强，非繁殖季节成体完全陆栖，多见于林间草丛下或其他阴湿环境中。夏秋时节在水田、水塘或沟渠附近潮湿多杂草有隐蔽的地方，靠捕食蚯蚓、蜈蚣、步行虫、蜗牛等营生，直到5—8月才进入安静的水塘或水凼求偶、排精、产卵。幼体在水中生长发育，待完全变态后转为陆栖生活。由于在中国出现的范围较小，栖息地面积和质量不断下降，加之被过度捕获，红瘰疣螈被列为"近危"等级。

大盈江水质较好，为小花鱼（小图）创造了适宜的生境，春季便可见到渔夫撑着竹排在江上捕鱼的情形。

"上树鱼"

中国有句成语叫"缘木求鱼"，指爬到树上去找鱼，比喻方向或方法不对，不可能达到目的。然而，如果到澜沧江、怒江、雅鲁藏布江下游以及伊洛瓦底江水系区，就会发现事实并非如此。以槟榔江为例，每当春夏之交，雨多而水漫两岸，上游（如大盆河、胆扎河、轮马河及古永河的一些河段）沿岸就会有一些活生生的鱼附在树干上、树枝上和枯石上，而且有两种——黄斑褶鮡和拟鳗。

二者同属鮡科鱼类，但外形体态不同。黄斑褶鮡呈长圆筒状，背凸腹平，向后渐细，口下位唇厚、相连，有短须，皮褶与吻部相连，背、胸鳍无硬刺，胸鳍大且平展如翅，偶鳍第一条特宽，腹侧面具横褶，脂鳍与臀鳍相对，尾鳍深叉、尾柄细圆。拟鳗体色灰黑，前颌及下颌外侧主列齿铲状，内侧齿锥形，颌须腹面及胸鳍、腹鳍第一不分支鳍条腹面具羽状纹。

这两种鱼均为底栖性鱼类，主要以各种藻类为食，黄斑褶鮡多赖于胸部的圆形吸着器，拟鳗多赖于发达的下唇所形成强有力的口吸盘，可以并附着在石块上生活，而不惧湍急的河水，这也是它们能"上树"的原因。

小花鱼

"盈江二月花鱼肥，守溜渔人满载归"，讲的是每年春江水暖时，腾冲小河底至梁河大花桥的大盈江沿岸居民捕捞小花鱼的情形。据1934年《南甸司地志资料》载："小花鱼，产大盈江，其味鲜美，桃花浪起，此鱼始出，食之而佳，名驰中外。"大盈江干流及其河堑支流中，河水清澈，污染很少，各种虫子食之不竭，因而小花鱼非常繁盛。

小花鱼是一种条鳅鱼类，体形娇小，仅有小指头般粗细，体长数厘米，因身上点缀着黑白相间的月牙状花纹而得名，也叫"蒿筒鱼"，为大盈江流域特有的鱼种。按照体色不同，又可分为两种，一种多呈金黄色，叫"山花鱼"；另一种呈灰黑色，叫"江花鱼"。通常公鱼可活2—3年，母鱼每年清明前半个月左右，便成群结队游至江边浅水处产卵。繁衍能力极强，每条母鱼可产卵800粒甚至上千粒，产卵两次后自行死亡。因味道鲜美香甜而被当地人作为佳肴招待贵客，也是云南鱼类珍贵水产资源之一。

本区主要产业和物产
分布示意图

北

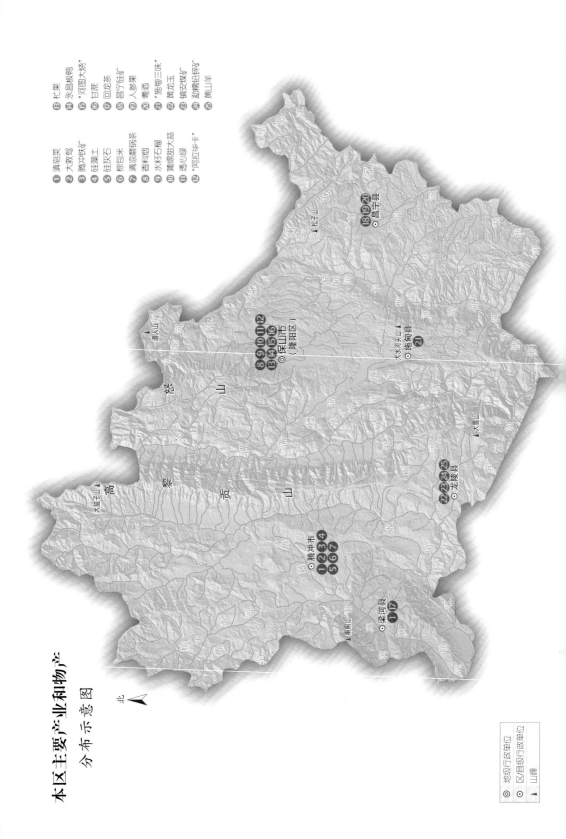

① 滇皂荚　⑬ 杧果
② 大救驾　⑭ 永昌板鸭
③ 腾冲铁矿　⑮ "河图大烧"
④ 硅藻土　⑯ 甘蔗
⑤ 棕包米　⑰ 回龙茶
⑥ 清凉磁铝茶　⑱ 昌宁硅矿
⑦ 香料烟　⑲ 人参果
⑧ 水籽石榴　⑳ 参酒
⑨ 蒲缥甜大蒜　㉑ "施甸三味"
⑩ 悉心绿　㉒ 黄龙玉
⑪ "阿拉半卡"　㉓ 镇安煤矿
　　　　　　㉔ 勐糯铅锌矿
　　　　　　㉕ 黄山羊

松子山

昌宁县 ⑱⑲⑳

高黎贡山

怒山

保山市 ⑧⑨⑩⑪⑫
（隆阳区）⑬⑭⑮⑯

大亮子山

大乐河头山　施甸县 ㉑

黎贡山

怒江

大雪山

龙陵县 ㉒㉓㉔㉕

腾冲市 ①②③④
　　　　⑤⑥⑦

梁河县 ⑯⑰

高黎贡山

◎ 地级行政单位
⊙ 区/县级行政单位
▲ 山峰

"高原鱼米之乡"

"鱼米之乡"通常指气候湿润、物产丰富的平原地区，很难令人联想到它和海拔1000米以上的高原有关。然而，地处横断山脉滇西纵谷南端的保山，凭借得天独厚的条件，亦享有"高原鱼米之乡"的美誉。

从地理位置上看，保山平均海拔1800米左右，北有青藏高原作为屏障削弱冷空气，南有孟加拉湾暖湿气流的进入。此外，还有澜沧江、怒江和龙川江三大江由北向南纵贯全区，境内有大小河流140多条，为农作物提供了充足的水源。从地质构造上看，保山坝子属断陷沉积盆地，肥沃的土壤沉积在盆地之中。从气候上看，保山年均气温15.5℃，年均降雨量966.5毫米，全年无霜期290天以上，而高低悬殊的复杂地形，又使这里形成热、温、寒3种气候类型俱全的立体气候，满足各种农作物的生长需求。再者，中原人最迟从汉代开始便移民到此，并带来了先进的农耕技术。

复杂的地形和立体的气候，造就了保山丰富多样的立体农业模式。气候温和的保山坝一带以稻米、苞谷、小麦、蚕豆为主，一直是云南粮食生产区和重要粮食基地，有"滇西粮仓"之称。潞江坝具有干热气候特征，以热带、亚热带高价值经济作物为特色，种有甘蔗、香料烟、咖啡、胡椒、砂仁、香蕉、菠萝、凤梨、橡胶等经济作物。作为"高原鱼米之乡"的核心，隆阳盛产水稻、小麦、大麦、油菜、透心绿蚕豆等农作物，也不乏蚕桑、茶叶、烤烟、香料烟、咖啡、泡核桃等经济作物。此外，遍布全区的温凉山区和高山山区主要发展农、林、牧三业，出产旱粮、烤烟、茶叶、干果、水果、山葵、亚麻、用材林、大牲畜等。如今，隆阳已被列为滇西农业综合开发区和中国粮棉大县（区）之一。

原始农业

原始农业，是在原始的自然条件下，以简陋的石器、棍

受控于地形和气候，本区种植业相对发达，由于地表径流和降水都十分丰富，水稻成为区内主要的粮食作物之一。

棒等作为生产工具，从采集、狩猎逐步过渡而来的农业。在距今6000—3000年前，原始农业在保山和梁河地区的氏族部落中占主要地位。他们最初使用石斧、石锄等石制工具进行开荒掘地、种植稻谷，并以采集、狩猎为"副业"，形成采集和耕作并存的原始农业生产方式。

原始农业起源于山地，保山和梁河地区大部分区域沟壑纵横，山区占总面积的92%，许多坝子、河谷遍布在山间盆地、河谷沿岸和山麓地带。这些地区气候温和，土壤肥沃，是远古时代原始人类理想的居住地。当时的氏族部落就生活在保山、潞江、蒲缥、施甸等诸多山间坝子及周边一些河谷台地、洞穴中，从事山地旱作农业。根据各部落居住环境的差异，分别又形成了长久定居的湖滨台地型、半定居的河谷原野型和山坡轮歇游耕型3种农业类型。

在长期的采集狩猎过程中，这里的居民又积累了比较丰富的动物知识，于是利用剩余的部分粮食和周边丰富的草场资源蓄养牲畜，由狩猎到驯养动物发展而来的原始畜牧业应运而生，根据龙王塘洞穴遗址、老虎洞洞穴遗址等遗址的研究成果表明，当时猪、狗、牛、羊等动物成为饲养对象。这意味着原始农业进入"后院畜牧业"阶段，即畜牧业的早期阶段。

与此同时，依靠原始农耕解决了基本温饱问题后，这些原始居民从最初游离不定的游牧状态转向定居生活。也是在这一阶段，妇女在社会中的主导地位开始被男子取代，母系氏族社会因男女在经济生活中的角色转变而日渐式微，取而代之的是父系氏族社会，原始农业得到进一步发展。

"永昌象耕"

"象自蹈土，鸟自食萍，土蕨草尽，若耕田状，壤糜泥易，人随种之"，这是《史记·大宛列传》中记载的"乘象国"以象耕田的情形。"乘象国"，名"滇越"，在今腾冲附近；《新唐书·南蛮传》记载的"永昌之南……象才如牛，养以耕"中的"永昌之南"，亦指今保山以南广大少数民族聚居区。史料中所指的象耕，是古代中国南方相对落后的农业条件下，采用的一种奇特的农业耕作方式，包括保山在内的南方地区存在的象耕古风，可看出远古先民对畜力能源的独特利用方式。据推测，所谓"以象耕田"，实际并不是以象曳犁耕作有如牛耕，而更可能是一种"踏土"，大象体形庞大，四腿如柱，耕田时，驱象入田踩踏，可以达到松土烂泥的作用。

大象在傣族文化中，象征五谷丰收，其在落后的农业生产中占据重要位置。从大量的文献以及在云南昆明、元谋等地出土的古稻种可考证，傣族先民早在远古就驯化、栽培野生稻，对农田耕作和水利灌溉都有一套自己的经验，象耕法就是其中的耕田技术之一。早在唐代，傣族先民就知道利用大象耕田。田以象耕，战以象阵，也因而创造了傣族有名的象耕文化。土俗养象驯象，用大象做乘骑，因此被称为"乘象国"。此外，象耕法得以施行，也与早在上古时代中国西南原始丛林中就有象繁衍栖息有关。

至今在腾冲火山群地区南部，如施甸，仍可见到类似象耕的"牛踏田"耕法。每年早稻一收获，傣族农民就把10多头甚至几十头水牛赶进水田，任其在田里肆意蹈踩，直到谷茬杂草和泥水交融一体。由于保山古称永昌，"永昌象耕"也作为一种浓缩的历史记录被刻成大型浮雕，置于保山市区南端三馆文化广场上。

老营水磨群

在保山瓦窑阿依寨与旧寨之间金厂河两旁长约百米的河岸上，每相隔几米就有一盘水磨，大小不一，错落有致，有的置于简陋的屋内，有的露于

以水为动力，约出现于晋代。其动力部分是一个卧式水轮，在轮的主轴上安装磨的上扇，流水冲动水轮带动磨转动，是水力发电动力原理的原始形式。700年前，居住在瓦窑老营村的人们就已巧妙利用自然之力来改善生活，通过能工巧匠之手，打磨巨石，借用水力，由水轮、轴和齿轮联合传动水磨。

世纪，先后延续了1300多年。出土的青铜器已见30多种，共500多件，分属礼乐器、兵器、生产工具和生活用器四大类，包括昌宁打卦山的编钟、天生桥的铜鼓、营盘山的"人面纹铜刀"、腾冲麻栗山的"山"字足铜案、隆阳下格簧的铜戚（铜制兵器）、黄龙山短剑等，用于当时哀牢社会政治、军事、文化及生产、生活等各个领域。

保山地区盛产谷物，水磨是过去人们加工谷物最重要的一种工具。图为老营磨坊建筑（左图）和残存的石磨（右图）。

天台，共12盘，构成老营百年水磨群，距今已有700多年历史。水磨群依山傍水，磨坊和碓坊都依地势而盖建，墙壁皆用大小石块垒成，坊顶则用泥瓦铺开，石磨有上百千克，厚实粗粝，石杆有数十千克，石臼深达上米，另有数盘小手磨分布。

水磨是把米、麦、豆等粮食加工成粉、浆的一种机器，

在尚未有电力设施的古代，附近村落的白族、彝族村民都以水磨作为主要的粮食加工工具，以加工苞谷、麦面、黄豆、稻米等。老营水磨群至今仍有三组、五盘水磨坊及两组碓坊为当地白族所沿用。

哀牢青铜器

以保山为中心的哀牢国的青铜文化时代，始于公元前14

哀牢青铜器具有明显的民族和地域特征，如隆阳及其周围几个县区出土的铜盒、大弯刀、铜斧以及昌宁出土的一批鱼形、蝶形、蝉形、花形圆雕饰品等。腾冲"山"字足铜案器面布满较为抽象的几何图案，案体遍布习见于滇池、两广及中原铜器上的主要装饰，其中包括被学术界普遍认定是商周中原青铜器上的主要装饰

纹样的云雷纹，表明哀牢青铜文化与中原、岭南、滇池地区文化都已有较密切的联系，并非如《华阳国志》所说哀牢夷"生民以来未尝通中国也"。

值得注意的是，15件哀牢王室贵族所拥有的打击乐器编钟，以精美的纹饰为其独有特色，体现了哀牢人较高的青铜铸造工艺，也是哀牢人步入文明时代的鲜明标志之一。尤为可贵的是，编钟的出土，表明哀牢人已懂得一定的乐理知识，并在测音、试音及演奏上具备了相当水准。

军屯

军屯制是明朝强兵足食的一种重要军事制度，它与明置长城九边镇相伴生。明代在北部边境大修长城，东自辽东，西至甘肃大兴军屯，驻守兵士亦戍亦农，且战且耕，以实现军队的自我供给。"天下卫所一律屯兵"的政策很快推行至全国各地卫所，作为西南边疆的云南，早在明洪武初年就有大量汉族官兵进驻。

1382年，永昌侯、副将军蓝玉等一支攻克大理后直入保山，驻屯入籍。1384年，西平侯、副将军沐英回南京再次率江南、江西等地军民250多万人入滇，给予籽种、资金、田地支持，使之分布于各郡县屯田入籍，之后还有一批人因罪削职谪戍充军保山，官兵移民数曾高达300多万人。与保山稍不同，腾冲汉族官兵主要是在明正统年间迁入，于1445—1447年间，明廷先后调入的近1.6万守腾汉民，以及"三征麓川"后留守边疆的部分人员，均为应付傣族的叛乱，之后朝廷又增兵镇守，至清代沿袭明朝的军屯制，仍设永昌、腾冲两卫，两卫屯军以及家眷总数达5万人以上。屯军在边疆设置"八关"，严密防守，并重点开发保山坝区和部分山区。朝廷以"三分操备七分种"作为军屯的一项制度，"置屯令军开耕"，命令屯军一面执行军事任务，一面种田自给自

高黎贡山永昌道旁的烽火台遗址，是本区军屯历史的重要见证。

足，屯田固守，并要求将士从内地携带家眷或在当地娶妻生子。如今保山坝如张官屯、陶官屯、陈官屯数十个带"屯"字的村名即在当时形成。

大量汉民的迁入，改变了保山地区的民族结构，军屯与之后的民屯和商屯一道，缓解了当地叛乱形势，并带来生产技术。同时，军屯制在文化上的影响也较为显著，屯军大力兴教办学，建立起较完备的教育体制，提高了保山的教育水平，使这里人才辈出，著述颇丰。

民屯

所谓民屯，相对于军屯、商屯而言，即大量招募农民到偏远地区耕种，实质上是明代中央王朝对云南实施的统治方式之一，通过改变民族结构，使边疆地区更加牢固稳定。一般而言，民屯的组织性较强，耕地面积大，能利用先进耕作法，产量颇高，对当地农业产生积极的影响。

元代以前，保山土著少数民族一直占当地人口的绝大多数。明代以后，在朝廷的招引下，进入保山屯垦的汉族军民逐渐占上风，其中的民屯作为军屯大军的补充，起着举

足轻重的作用。明洪武年间（1368—1398），朝廷开始大规模"移中土大姓以实云南"。《洪武实录》载"诏湖广常德、辰州二府民，三丁以上者出一丁往屯云南"，并规定民屯者所开荒地，都可作为"己业"，由官府贷给耕牛、农具、种子，从物质上加以扶持和鼓励。

在明代大兴屯田的背景下，作为边境重镇的保山，是当时民屯的重要目的地。大批来自中原发达农业区（江西、江苏、浙江）的无地贫民在短时间内落户于此，至明朝后期，更多的汉族人移居边疆，经济技术也随着屯民在屯垦地传授播散，有效改善当地落后的农业生产状况。除了生产粮食以自给自足，他们还要向国家交纳地租和田税的合一物，"凡官给牛种者十税五，自备者十税三"（《明史·食货志一》），即其数额大概接近产值的三至五成。弘宗时，改征实物为银两，每亩征三升，每粮一石折银二钱至三钱六不等。

当时在交通落后、输饷艰难的情况下，通过移民实边、合理调整农业劳动力分布状况，可以缩短边防给养供应线，维持戍防，让驻防兵卒就地获取基本的粮草，以减轻民

间差徭和社会负担。因此包括保山在内的边疆地区，其民屯虽带有浓厚的军事色彩，但对边塞农业的初步兴起，也起到了关键性的作用。

"走夷方"

腾冲有句俗语"穷走夷方急走厂"。"走夷方"重在"走"，"夷方"则指国外，对腾冲而言指邻近的缅甸、泰国、印度、马来西亚等地，"厂"指缅甸北部的矿山、玉石厂。一言以蔽之，"走夷方"就是到外地闯荡，力图摆脱贫穷以实现发财致富的理想。

借助腾冲独特的区位优势，"走夷方"的人们从事各种商业买卖。诸如进行丝织品、布匹、瓷器、烟、茶等贸易活动，或采购洋火（火柴）、洋刀、洋铲、洋斧等来自英国的"洋货"，甚至从事"解板匠"（木工）等高强度体力活。而开采技术工人则使缅甸玉石、宝石产量激增，令永昌道很快成为一条著名的"玉石路""宝井路"。

"走夷方"的习俗自古就有。自中原汉民迁入之后，腾冲一带地少人多，不利于生存，因此收完庄稼，"过了霜降，各找方向"，当地男丁就三五

成群出门谋生或创业。同时，"走夷方"在当地被视为勇敢和敢于冒险的象征。腾冲人把贪妻恋子不愿出门、不敢"走夷方"的男人称为"嘎人"，意为没有出息的人，因而渐渐在社会上形成"走夷方"的习俗。"走夷方"路途凶险，随时可能出现瘴气、瘟疫、野兽、兵匪等天灾人祸，一路下来往往九死一生。当地流传着不少民谣——"男走夷方，女多居孀。生还发疫，死弃道旁""有女莫嫁和顺乡，才是新娘又成孀，异国黄土埋骨肉，家中巷口立牌坊"……形容的是"走夷方"的残酷与凶险，可见人们对"走夷方"的恐惧心理。然而，由于"走夷方"是摆脱贫穷的有效办法，所以自明朝开始，腾冲人仍然一代代前仆后继地"走夷方"。

至明末，尤其在清代中后期，依靠"走夷方"，当地涌现了一大批富有的大商贾，民国年间达到鼎盛。衣锦

腾冲因其独特的区位优势而拥有一段辉煌的经贸历史，区内至今残存"走夷方"古道（见上三图）、高黎贡山古道（相关内容见第114—115页）和永昌道（相关内容见第118—119页）等，经过时间的淘洗，有的已破旧不堪，有的仍在发挥交通作用。

还乡者，则回乡兴建豪宅，捐资教育等，并在一定程度上影响当地的文化，至今在腾冲和顺等地仍存留有颇具气势且富于中西合璧特征的住宅。

马帮

马帮是大西南地区特有的一种交通运输方式。在滇越铁路和滇缅公路通车以前，保山地区缺乏便捷的交通干线，物资几乎全靠马帮驮运，中小型马帮数以百计，各地均形成一些大马帮，仅腾冲一地就有十四路马帮。腾冲紧邻东南亚，是西南丝绸之路的要道，被喻为"一座马帮驮来的古镇"，马帮的势力由此可见。

马帮多数是当地民间运营组织，多为亲戚或乡亲间的自愿集结。通常由几十匹骡马组成，多则上百匹，每四五匹马由一个赶马人负责，形成若干个小帮（把），自然有序。他们从昆明将出口商品运经

下关、永平，达保山后继续向腾冲口岸出境缅甸，或从缅甸输进玉石等多种货物。与此同时，马帮也为当地带回新鲜的货物和各地新闻、商业信息、民族风情，成为异地物资交流最鲜活的主要载体。

其中马帮的领头人和核心——"马锅头"，熟悉整套赶马的技术业务，了解骡马牲口习性、医疗，联系承接运输任务、组织人员、操办结算分配等，决策处理马帮的大小事项。一些常年跑商路的马锅头，利用与商家的交情和信誉，组建起自己的马帮，从最初的赶马人转变为大商人，凭借丰富的运输经验，进一步促进保山地区与外界的经济贸易活动。

"旱道入缅者，概不收税"

保山地区自汉唐以来一直是滇缅贸易的重要场所，明清两代滇缅贸易往来更加繁盛，这也是当时外国侵略者对其虎视眈眈的重要原因之一。19世纪末英国侵占缅甸后，将触角伸向与之接壤的云南边境保山地区，中缅因边界问题冲突不断。1894年3月，清政府被

在交通不便的年代，马帮曾是滇西地区最为主要的长途贩运方式，直到如今，仍有马帮队伍为当地一些偏远山村进行运输服务。图为翻越高黎贡山的马帮。

迫令驻英公使薛福成与英国外交大臣劳思伯利签订了中英《续议滇缅界务·商务条款》，条约内容十分广泛，除对中缅界务做全面的规定外，还规定"中国所出之货与制造之物，由旱道入缅者，概不收税；英国制造之物与缅甸土产，由旱道输入中国，除米之外概不收税"。规定英人可以在蛮允设领事、开放蛮允和盏西的商路及中国西南陆路进出口货物减免关税，以此来保障英国政府最大限度地利用中国的原料。

虽然整个《续议滇缅界务·商务条款》中有诸多的不平等之处，但"旱道入缅者，概不收税"的规定却在一定程度上影响和带动了中缅贸易的进一步发展。此后，缅甸花纱土产及西欧各国的工艺品迅速涌入保山，流入内地。同时，滇商也取道保山向缅甸出口滇川条丝等商品。当时保山县城经营花纱者达百户，经营土丝者30多户，县城南门外设有八大花店，专门经营进口花纱。清末永昌菹酱畅销缅甸，当时的商号有90个之多。外地客商纷纷涌入保山开商号办厂，四川、迤东、大理、腾阳、山西、两湖及鹤云会馆等诸多会馆相继建立。

无论是国内输出缅甸、印度和其他东南亚地区的丝织品，金、银手工艺品，农副产品，还是从境外输入并转输内地的珍禽异兽、山货、珠宝、玉石，以及经腾越加工后销往内地的水晶、翡翠等手工艺品，都在这里聚散。保山与国内外的经贸交往增多，成为名副其实的贸易集散地。

"千年茶乡"

昌宁地处澜沧江流域，江水从县境东北部穿流而过，河谷深邃，境内山峰兀立，海拔落差达1200多米，立体气候显著，年平均气温13—

近代，因殖民者入侵，云南被迫开埠通商，客观上促进了当地商品经济的发展。图为腾冲英国领事馆办公楼遗址，原建筑竣工于1931年。

19℃，年降水量在1200毫米以上，土壤性酸、缺磷、肥力中等，海拔1500—2000米的中高山地带极适宜茶树生长。高山云雾出好茶，据樊绰《蛮书》记载，早在唐朝时期，澜沧江沿岸的"濮人"就已经开始人工种茶。至今境内仍存有1.7平方千米、种质资源丰富的古茶群落，有野生型大理茶、栽培型普洱茶，亦有大理茶与普洱茶自然杂交后代的过渡类型。其中田园石佛山茶树王、漭水茶山河的红裤茶树等，都堪称千年古茶树。

昌宁茶业的兴盛与古代国家政策密不可分。宋代时期，随着"茶马互市"政策的推行，云南与西藏之间的茶叶贸易日趋普遍；到元代，茶叶已成为云南各族人民进行市场交易的重要商品；明清时期，昌宁茶叶已经小有名气，沿"茶马古道"运销西藏、西北，并运销至缅甸、泰国、印度、老挝和越南等地，甚至经由印度的加尔各答转销世界各地。

保山现有约233平方千米的茶叶种植面积，较集中分布在昌宁、腾冲和龙陵，三地共占据保山茶叶总产量的89.7%，有近68平方千米茶种植面积的昌宁，产量4952.6吨（2005

高黎贡山茶马古道。

年），有茶叶粗、精加工企业247户，占全市42%。作为优质普洱茶原料大叶种茶原产地，昌宁的茶叶产品远销亚、欧、美洲的20多个国家和地区。20世纪80年代，昌宁即被列为中国首批4个"优质茶叶基地县"之一，与福建安溪、浙江富阳、安徽岳西齐名。

永昌古织

西南丝绸之路从成都出发，分两条线并行，最终汇合西行，于永昌（今保山）出缅甸，永昌自然而然被视为最后一个驿站，物资在这里集散、运转。然而，它作为丝绸等纺织品的重要出产地，更充当了西南丝绸之路最后"加油站"的角色。

从史料中可以看出，"土地沃腴，宜五谷蚕桑，知染采文绣"的永昌，气温条件适宜，桑树发芽早、落叶晚，一年可养家蚕4—5批，蚕茧质量优异，一枚茧的丝絮通常都在千米以上，最长者达1600米，为国内少有的优良宜蚕区。早在汉代，种桑养蚕及缫丝织锦已发展成为一种产业，《华阳国志·南中志》中记永昌郡有"梧桐木，其华柔如丝，民续以为布……俗名曰桐华布……然后服之即卖与人"。纺织者为永昌郡的鸠僚和哀牢等少数民族，能织棉布、羊毛布、丝绸和苎麻布，以及"纹绣""绫锦"等花纹复杂的布匹品种。纺织品还可供出卖，所产桐华布、兰干细布是当时受宠的"名牌"，表明生产数量和质量都较高。有些产品幅宽可达1.7米，布匹洁白，有的还以动植物类原料加以染色，表明永昌郡的纺织业达到了较高的水平。在"四时皆蚕，取其丝织五色锦充贡"的记录中，这"五色锦"，即为古代国际市场享有盛名的"永昌丝绸"。

近代，保山的桑、蚕、丝、织仍呈兴旺局面，1917—1919年的3年间，永昌产茧量为9600多担，1919年从腾冲海关登记出口的"永昌丝"就有500驮。至20世纪80年代，保山桑蚕及丝绸业规模有所发展，所产丝绸品仍保持永昌古织的品质和特色，远销苏联、意大利、加拿大、日本等国，其精纺软缎被面及丝棉被曾获"云南省优良产品"称号。如今种桑养蚕仍是

收藏在博物馆里的永昌丝绸纺织工具。

用桐华布制作的傣族挎包。

许多当地农民经济增收的重要途径，2008年保山有近90平方千米桑园。

桐华布

木棉是目前世界上发现的最细的天然纤维，细度、柔软度和中空率虽优于羊绒，但也因为太细而难以纺成纱线。然而，早在2000多年前的汉代，保山人就成功将木棉（汉代称为梧桐木）织成了当时闻名的桐华布。

保山是木棉适宜生长区，盛产的木棉树不仅成为古代保山的"标志树"，也是当地开发利用较早的经济植物。当地人就"梧桐木其花柔如丝，民绩以为布"，其中所提到的"布"，即是桐华布（也叫桐木布）。桐华布"幅广五尺""洁白不受垢污"，在汉代时期已远销南亚和中东，被称为"东方一绝"，因是经蜀贾转手贩运，被当地人误称为"蜀布"。

汉武帝时，张骞出使西域，根据"蜀布"推测西南丝绸古路的存在，促使汉王朝及以后各代君王进一步开拓这条古道，也促进了保山与中原及南部缅甸、印度的经贸往来，带动了当地纺织产业的兴盛。在西北丝绸古路开辟之后，西南丝绸古路的布匹交易逐渐减少，到明清以后，随着海上丝绸之路的繁荣，西南丝绸古路的衰退，桐华布才悄然退出历史舞台。

黄龙玉

黄龙玉是20世纪末才被发现的玉石，产地在保山龙陵。有人称黄龙玉的质量堪比和田玉和翡翠，但也有人认为黄龙玉不过就是一般的黄蜡石。其实，黄龙玉的原岩主要由黄蜡石中细腻的隐晶质石英——玉髓及部分玛瑙组成，是达到玉石级别的黄蜡石，其质地细腻、温润灵动。大多数黄蜡石只能作为观赏石，只有极少数质佳者——黄龙玉的玉蜡才可能作为高档玉料雕琢成器。

龙陵的黄龙玉主要产于距县城东南30—40千米的小黑山及苏帕河流域，小黑山为"西南丝绸之路"必经要道高黎贡山脉的南延部分，其优质玉石矿体分布面积约2平方千米，此外龙陵东北部镇安也有黄、黑、灰和白色的黄龙玉产出，整个玉石矿区的分布面积约40平方千米，储量较大。龙陵东西分别为怒江和龙川江

① 本区不但出产黄龙玉，还是世界著

环抱，第四纪火山喷发出的石英岩在山洪暴发时滚入溪河，在流水、沙砾冲刷以及水中各种矿物元素几十万甚至上百万年的渗蚀之下，颜色发生改变，最终成为矿体。

因龙陵黄龙玉品位高，硬度与翡翠接近，具有新疆和田玉的柔润特性，兼有福建田黄的纯净，收藏价值较高。其交易市场主要在云南的龙陵、腾冲、瑞丽、昆明、大理、潞西、丽江、西双版纳、香格里拉等地，省外市场主要集中在广西、广东、福建、北京、上海等地。

"翡翠城"

翡翠资源在缅甸，市场却在中国。缅甸硬玉翡翠的矿产资源产地密支那、勐拱一线，在古代曾属云南腾越州管辖。位于云南西部高黎贡山西麓的腾冲，是翡翠进入中国境内的第一条绿色通道。腾冲作为西南门户，自汉代始成为翡翠"仓库"和"加工厂"，有"玉出腾越""翡翠城""玉出云南"等说法，因此可以说，腾冲是不产翡翠的翡翠城。

汉代往来于腾冲的玉石，最初是作为进贡品而不是一般商品进行交易，直到明代中叶，朝廷官员驻腾冲专门采购珠宝玉，"官给本钱，民收宝石入于宫"（明熹宗天启《滇志》），有了官私合作，大量缅甸玉石得以进入中国。马帮、象队沿着密支那—腾冲—永昌、密支那—八莫—盈江—腾冲这两条主要通道，频繁来往，贩运大量的玉石毛料。清代从缅甸进入腾冲的商品以玉石珠宝为主，棉花次之。据记载，最兴盛时每天有两万多匹骡马穿行其间，云南的玉石交易量几乎占据世界玉石交

名的翡翠加工和交易市场，其中翡翠业曾为中缅贸易史书写过辉煌的篇章，至今仍呈现一派欣欣向荣的景象。图为龙陵黄龙玉工艺品（图①）、"翡翠城"街道（图②）和玉石市场（图③）。

易量的九成。20世纪40年代初，城内的小月城仍是玉石珠宝商人聚集之处，有上百家店铺，各色玉石、翡翠雕件汇集，被称为"百宝街"，"昔日繁华百宝街，雄商大贾挟赀来"。

大量玉石汇集腾冲后，一部分被就地打磨加工，玉雕工匠3000余人，产品有手镯、簪花、佛像、大小花件等几百个品种，涌现出"德昌隆""源盛号""福盛隆""玉成号""永茂和"等主要经营翡翠的著名外贸商号，创造了绮罗玉、段家玉、寸家玉等玉石品牌。另一部分则向东经大理运达昆明加工，再远销内地和沿海。2005年，亚洲珠宝联合会授予腾冲"中国翡翠第一城"的称号，腾冲在古代和现代翡翠贸易和文化中的作用和地位被一再提及。

永昌道

西南丝绸之路的两大干道——灵关道和五尺道，从四川成都蜿蜒东来，汇合于大理后，继续西进，越永平进入保山，又岔开数条支线出境。保山段是其在中国境内的最西段，因通过的主要地区

永昌道（详见绘图）途经怒山、怒江河谷以及高黎贡山地区。古道以石块铺就，沿河段较宽（图①），山路段则因开凿于岩壁之上，极为险峻（图②）。古道自修筑至今已有千余年，时至今日依然有马帮穿行其间，路面石阶上的马蹄印便是这段历史的见证（图③）。

北斋公房 所谓斋公房，即历史上曾在此建立斋堂、庙宇并有道人在此地住过的地方。在高黎贡山，有南斋公房和北斋公房，都是重要的交通要塞。北斋公房是古代南方陆上丝绸之道的必经之地，位于高黎贡山北段3000多米的山巅，由于常年积雪，气候恶劣，且道路险阻，又名"雪尖山""天近山"。它所在的这一条线路在史学界被公认为最古老的西南丝绸之路，具体为：从保山出发横渡怒江后，翻越高黎贡山—马面关—北斋公房—桥头。另外，这里也是中国远征军与侵华日军的激战之地。经过漫长的风雨侵蚀，北斋公房已没有了古代商旅往来的热闹景象，现仅剩墙基、石级。

属古时永昌郡、永昌府管辖，因此得称"永昌道"，又因东段经过永平博南山，古时亦称"博南山道"。

古道宽1.5—3.5米，均用人工开凿路基，石块铺筑路面，长年累月马踏人行，青石阶上留下的马蹄印有的深达13厘米。如今保存较好的有官坡段、水寨段等路段以及宽3米、长50米的平坡铺小街，其中水寨段长约10千米，原设平坡铺、山达铺、水寨铺等驿站。它在保山境内有3条主要线路：向西，从永昌过怒江，经腾冲出缅甸；向西南，自永昌经蒲缥，渡怒江，进龙陵、潞西，再经瑞丽出缅甸；向南，经施甸甸阳、姚关至镇康出缅甸，之后转向东南亚各国。其中西线与元代拓展和改善后的"蒙光路"路线大致相

同，途中翻越高黎贡山段的古道，就有北（保山栗柴坝—北斋公房—腾冲界头）、中（怒江双虹桥—南斋公房—曲石江苴）、南（保山蒲缥—分水岭—橄榄寨—上营）3条，分别形成于西汉、东汉、唐朝3个时期。

永昌道所经地区多是需翻山渡河的险峻和毒物瘴疠之地，自汉代开通后，历代王朝都不遗余力疏通拓展，除了设立郡县管辖需要，也是广开商路之举。永昌道的一个重要目的地之一——"玉石之乡"缅甸勐拱，出产优质翡翠，盛产宝玉、琥珀等。马帮、商旅于此来往不绝，大量翡翠、琥珀、光珠、水晶、蚌珠、轲虫等源源不断地在古道上流通。永昌道的开通，对繁荣腾冲玉石市场起到重要作用，把保山地

区与东南亚、南亚紧密沟通起来，内引外联，经商贸易，进而使保山成为大陆商贸南下扩散和中南半岛海洋物产北上交流的"大都会"。

兰津古渡·霁虹桥

西南丝绸之路进入保山的第一关，就是横亘在保山水寨的罗岷山与大理永平杉阳的博南山之间的一道天堑——兰津古渡口。在滇缅公路未修通前，兰津古渡口是保山与内地沟通的枢纽、西南丝绸之路的咽喉，被称为"金齿咽喉""天南锁钥"。这里两山对峙，悬崖峭壁，大有"隔河如隔天，渡河如渡险"之势，浩荡的澜沧江水就从渡口间奔流而过。

汉代随着永昌道的开通，作为其中一段天险，兰津古渡口就已经发挥交通作用。有

霁虹桥曾是连接保山与内地的要道，如今桥已毁，只剩靠山的桥墩，原址又重现了昔日摆渡过江的情形。

竹木舟筏往来摆渡，后来修建起各色吊桥：东汉初架起藤篾桥；诸葛亮平定南中时改建为木桥，以便于军队通行；元贞元年间桥被"更以巨木"；明成化十一年（1475）改建成铁索桥，全长106米，宽4米，高达20多米，由18根大铁链组成，上覆以板，桥两端筑有亭阁。铁桥飞架两岸，似霁虹卧波，遂命名为"霁虹桥"，也称兰津桥，为中国最早的铁索桥。随后500多年，虽经历多次战火和江水冲毁，重建和大修达19次，但依然作为行人、商人来往于两岸间的要

津，桥头还设有关楼税卡，驻兵戍守。史载每天清早桥亭大门未开时，等候过桥的商旅、人马已排成五六里长的队伍，还在石壁上留下了很多石刻、墨迹。

1986年，因霁虹桥上游发生山体滑坡，阻塞澜沧江，最后形成瞬间急流，冲毁了这座当时"中国最宽大的3座铁索桥之一"，人们又恢复了通过船只摆渡过江的古老方式。1999年，铁索桥在一位叫段体才的老人的带领募捐下在原址上重修，取名"尚德桥"，两岸的村民才可以赶着牛羊来往。

8年后，随着下游小湾电站的建设，桥和摩崖石刻都淹没于水下，原桥上方新建起一座铁索桥，车辆可以通行。

双虹桥

利用怒江江心自然裸露的巨型石礁为墩，分东、西两段架设起铁链吊桥。巧妙的是，两跨桥的桥身并不在一条直线上，而是互相错开，如同一道闪电，劈过江面，遥望又如两道彩虹悬挂于碧波之上，遂得名"双虹桥"。这座位于隆阳芒宽烫习村东南的怒江江桥，以其独特的造型跻身丝绸古道

上最经典的景观之一。

双虹桥所处的江段为西南丝绸古道的重要渡口——潞江渡，辟于汉代，明徐霞客从腾冲返回时曾在此过渡。清乾隆二十四年（1759）（一说为1789年），永昌知府陈孝升为解船渡之苦，组织修建铁索桥。全桥总长162.5米，东西桥分别由15根、12根铁链组成桥身，桥墩高于水面14米，用木板铺成桥面。不同的是，东桥跨的是江水主流，西桥跨江水岔流，因此东桥净跨67米，桥面宽3.1米，西桥净跨38米，面宽2.8米。靠东岸一侧墩上还建有飞檐式关楼一幢，据说从前经过的商旅须缴费后才被放行。过去还设有茶楼和说书人，供来往行人马帮歇脚解闷。

双虹桥的建造结束了怒江大峡谷没有桥梁的历史，建成后，成为沟通怒江两岸的便捷交通孔道，人行马走，来往不绝。咸丰九年（1859），双虹桥毁于兵燹，1923年在蒲缥、罗明等地重建。1933年，保山知事符廷铨等人重建后又毁，1950年和1980年分别重修，如今的双虹桥是保山古驿道上保留最完整的铁索桥，仍为当地民间交往的重要通道。

惠人桥

怒江从双虹桥江段继续往南奔流，至隆阳潞江坝湾莫卡村时，被江中凸起的一块巨石分流两边。巨石由石块层层垒砌而成，高约15米，顶部杂草丛生，一个门洞赫然而立。从桥北崖壁上的3个大字，尚可依稀看出这里曾是一座古桥——"惠人桥"的江心墩遗址。

惠人桥由当时永昌知府周澍倡建于清道光十年（1830），历经9年建成。与双虹桥一样，惠人桥曾经也是一座两跨桥。以江心石为基础砌石垒成，两岸以铁链通向中墩，连成一条直线，桥长140米，上铺木板，左右有扶栏，岸边均建关楼。两侧有20根铁链，是云南历史上铁链数量最多的铁链桥。惠人桥的建造，不但缓解了双虹桥的交通压力，还发挥了物资和人员交流的作用，使怒江两

惠人桥遗址残存的门洞。

岸居民和商旅往来自如，被视为中华民族对外交往、民族融合、发展经济的纽带。

1942年，惠人桥因战争而被拆除。1944年被修复，3年后在惠人桥下游2000米处建成同名公路桥，老惠人桥于是停止使用。1952年保腾公路通车，改于下游东风桥过江，惠人桥被废弃。现仅存桥墩、关楼等遗迹和桥头崖石上刻有的直幅隶书。

猴桥口岸

腾冲西北部的猴桥，濒临槟榔江，与缅甸山水相连，20世纪40年代中印公路通车以前，槟榔江上只有一架用藤索编成的吊桥，人在桥上行走，藤桥摇晃，必须脚踩手攀形如猴子，遂得名"猴子桥"，后"猴桥"被引用来代替原来的古永，成为地名。

距离边境仅17千米的猴桥口岸，境内有7条通往缅甸的边境通道。扼中缅交通要冲，出猴桥可直接到达缅北山城甘稗地，历来是中缅边境的贸易口岸。在西汉即有古道，南诏时曾设"古勇关"，为腾冲四古关之一，元时曾立古勇县制，明清时期均设古勇隘，明朝设立29卡，驻兵防守。

20世纪20年代曾在这一带设立过海关，征收进出口贸易税。史迪威公路的重修使猴桥真正成为滇西对外开放的桥头堡，2000年获批成为保山唯一的国家级一类对外开放口岸。

从古时西南丝绸之路西北线的最后站口，到现代的公路交通节点，几乎所有的人流、物流都要从此出入，显著带动了猴桥经济的发展，使之成为腾冲乃至保山最有影响力的大镇之一。

腾阳会馆

20世纪40年代，保山处在商贸和文化的一个鼎盛时期，会馆林立，有腾阳会馆、迤东会馆、四川会馆、江西会馆、两江会馆、两湖会馆、大理会馆等29处，在腾冲、龙陵、昌宁等也有相应的会馆，形成了一个

腾阳会馆遗址现存的关圣殿和财神殿等殿庙，说明当年腾冲籍商帮有供奉中原神祇的风气。

会馆网络，商人每到一处都有自己的落脚之处和庇护之所。

其中的腾阳会馆是腾冲籍商旅的主要活动场所，位于隆阳市区西南，清嘉庆初（约1796）创建，于光绪六年（1880）重建，占地面积4000平方米。腾阳会馆现存观音殿、关圣殿、财神殿等建筑。关圣殿通面阔13.85米，财神殿右侧戏楼面阔六间，东西各建一堵高于屋顶的封火墙。戏楼后来被仿建在太保山公园，作为对过去会馆的纪念，见证了商帮的兴衰存亡。当时腾冲商人通过腾阳会馆，加强彼此间的信息和情感交流，共享货源和协调与官府及外地商人之间的联系，及时解决商贸纠纷，维护了腾冲较为稳定的商业秩序和成熟的经商环境。

对行贾四方的商人来说，

会馆是他们与家乡以及同行间进行联系的纽带、在异乡可以倚靠的组织。因此会馆建筑大都体现各商帮的家乡情缘，建筑形式和叫法几乎都带有民族和地方特色，如"川主宫""三楚会馆"等名称，其规模则因各地商人的经济实力和热心程度而各有不同。如今保山的众多会馆大多已不复存在。

滇缅公路（保山段）

1937年抗日战争爆发后，日军很快占领了中国华北、华东及东南沿海广大地区，截断了中国海上的国际交通，对中国全面封锁，企图以此止息抗日力量，迫使国民政府屈服，从而鲸吞中国。为避免成为战时的孤岛，国民政府筹划尽快打通经缅甸直达印度洋的通道，通过缅甸仰光港口获取抗战物资，于是决定立即抢修滇缅公路。

滇缅公路从中国昆明至缅甸腊戍，全长1146千米，缅甸境内路段187千米由英缅方修筑；中国境内路段由中方修筑。当时长400千米的东段——昆明至大理下关已通公路，保山段即西段——大理下关至德宏边境畹町。保山段处在横断山脉最为险峻部分，高山深

滇缅公路的开通，曾一度突破了制约云南经济发展的瓶颈，也对沿线运输业的兴起产生了积极影响。图为滇缅公路保存最完整的的路段，由碎石铺成的松山—惠通桥路段。

谷众多，须跨越澜沧江、怒江两大峡谷，翻越高黎贡山，越过漾濞江、胜备江等数十条河流。边疆各土司接到修路任务后，分配到各村寨，各村寨又采用"一家一丁"的办法组成筑路队。工程于1937年12月开工，每天投工14万人。由于当时缺乏机器设备，纯系人力开辟，几乎全凭沿线28个县十几万民工的一双双血肉之手来完成。国难当头，时局紧迫，筑路工人日夜奋战，逢山开道，遇水架桥，在不到一年的时间里（按过去的筑路进度，工期不少于10年），便抢修出一条长达547.8千米的交通干线，这条公路也因此被称为"血肉铺就的公路"。

1938年8月底，滇缅公路全线通车，滇缅联运得以实现。至1942年5月滇西失守前，滇缅公路曾是当时中国唯一的国际陆路交通命脉，国际援华物资几乎全经滇缅公路运入大后方——行驶在滇缅公路上的军车共有3000多辆，公车有4000多辆，共运输了45万吨援华物资，这条"生命线"因此被称为"抗日战争大动脉"。

史迪威公路

1942年日军占领缅甸，并占据滇缅公路。中国与缅甸、印度等国之间的陆路被切断，急需寻找新通道来维持联系。

1943年，在时任盟军中国战区总参谋长史迪威将军的主持下，连接印度东北边境雷多和中国滇西的"中印公路"分头兴建。

这条公路至缅甸密支那后分成南、北两线，南线经缅甸八莫、南坎进入中国畹町，北线经缅甸甘稗地到达中国猴桥口岸然后至龙陵，最后两线与滇缅公路相接。其中，雷多—密支那段长434.4千米，密支那—八莫—畹町段长337.9千米，密支那—腾冲—龙陵段长300千米。1944年，中国军队在滇西和缅北大反攻胜利后开始修建保山境内路段，此段要翻越高黎贡山和跨过龙川

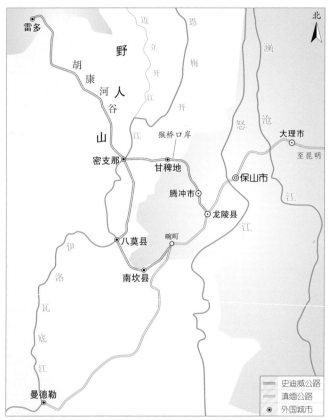

史迪威公路在第二次世界大战后渐渐荒废，经重修后，现中国段已通车。

江，并且面临山高谷深、疾病横行、气候多变等施工困难，是整条通道中施工难度较大的一段。当地军民就是在这种环境下紧张施工，抢在"中印公路"正式开通以前与滇缅公路对接。

为了纪念史迪威将军的功绩，"中印公路"1945年1月28日开通时，更名为"史迪威公路"。公路开通后，成为中国联系外界的重要通道，共为中国抗日战场运送了5万多吨急需物资，极大地加快了中国军队的抗日进度，被称为"抗日生命线"。

大保高速公路

大保高速公路是大理到保山公路的简称，滇缅公路的中段，为国道主干线上海—昆明—瑞丽公路的重要一段。作为跨越横断山脉的第一条高速公路，因囊括了"七宗最"——边坡最高、高差最大、高速路面海拔最高、最难修筑、桥隧最多最长、拥有最先进的通信管理系统，而被视为"云南第一路"。

大保高速公路穿越横断山脉中南段，地势北高南低，侵蚀构造地貌和侵蚀溶蚀地貌发育。沿途需要经过27条断裂带，跨经红河、澜沧江、怒江三大水系，架起单幅桥梁386座，特大桥、大桥148座，其中澜沧江大桥长1186米。经过12个隧道，大箐隧道（长6219米）和万宝山隧道地处穿越滇西红层区的强地震带，地质结构复杂，高达268米的边坡被称为"亚洲第一高边坡"。

大保高速公路全长166千米，比此段的原320国道缩短里程42千米，行车时间缩短一半以上，于2002年全线通车。受益地区覆盖大理、保山、德宏以及丽江、怒江、迪庆等地，是中国西南地区一条极为重要的国防运输线和现代化经济大动脉。从大理出发两小时内可到保山，昆明到保山的路程缩短了3个小时，旧时距离遥远的瑞丽、怒江、保山、腾冲都能一日通达，"千里边疆一日还"成为现实。

苏家河口水电站

保山全市共有127座水电站，苏家河口水电站是保山最大的水电站。位于腾冲西北部中缅交界附近中方一侧的槟榔江中游干流上，为槟榔江胆扎至松山河口梯级电站规划中的第三个梯级。

水电站于2006年7月开工建设，建设期为4年，坝型为混凝土面板堆石坝，布置右岸溢洪道和左岸放空兼冲砂洞。水电站主厂房位于苏家河上游约2000米，总库容2.26亿立方米，为引水式开发，枢纽建筑物由挡水坝、引水隧洞及地面厂房等组成。

水电站无防洪、灌溉、航运等综合利用要求，开发任务相对单一，主要是水力发电。电站总装机容量24万千瓦，每年可向保山电网输送12.06亿千瓦时的电量，对满足云南电力需求，支持云电东送、云电外送，实现当地边疆少数民族地区电气化等具有多重意义。

镇安煤矿

龙陵矿产资源有矿产地多、矿种较齐全、主要矿种分布相对集中的特点，如铍矿主产于龙新，钨矿主产于象达和平达，金矿分布于8个乡镇，煤矿主要分布于镇安等。镇安的煤矿是龙陵已经形成规模化开发利用的几种优势矿产之一。

从石炭纪到侏罗纪，龙陵地区湖盆发育广泛，在龙陵镇安大片花岗岩、混合岩、变质岩出露区以及古老的湖盆基底，堆积了大量植物遗体，并在巨大的地壳断裂下沉构造运动中，遇空气隔绝的封闭环境，逐渐形成巨厚的含煤地层，成为一个煤矿富集带。

镇安大坝村的大坝煤矿资源储量为6673万吨，年开采规模6万吨。大规模的煤炭资源为保山地区工业发展提供了大量的"工业粮食"，但由于大坝煤矿属低热值褐煤，因此对煤矿开采的科技含量要求较高。

勐糯铅锌矿

勐糯铅锌矿原名勐兴铅矿，位于龙陵勐糯，是龙陵境内最大的一个矿山，属于高黎贡山南延部分，处于保山—镇康弧后盆地。

受控于南北向怒江大断裂和北东向柯街—勐棒断裂，勐糯境内形成一个富含铅锌矿的地带——勐糯向斜，勐糯铅锌矿即产于向斜的东翼，矿石在一系列由灰岩、泥灰岩、礁灰岩、生物碎屑灰岩等组成的地层中夹生。勐糯铅锌矿因受地层控制，矿体沿走向变化稳定，品位高，矿物组成简单，属层控沉积改造型矿床。原生矿石中主要为铅锌共生矿石，方铅矿、闪锌矿、黄铁矿呈半自形晶产出，有球粒、同心环带、放射状等多种结构。矿区内共探明矿体32个，总储量245万吨，拥有30多年开采历史的勐糯铅锌矿，保有矿量已经严重不足，亟待寻找接替资源。

腾冲铁矿

云南自东向西分布有3个铁矿带，东带在禄劝—玉溪—

腾冲境内的铁矿场。

新平一带，中带北起德钦、维西，南至澜沧、景洪，西带主要出露于腾冲中缅边界，代表矿区有滇滩中型铁矿，探明储量0.57亿吨，富铁矿占43%。滇滩铁矿品位极高，炼出生铁就可以用来打造工具，被视为中国最特殊最好的铁矿之一。

腾冲位于印度与亚欧板块东部碰撞边界，境内接触交代型铁矿床发育，矿体多呈脉状、透镜状赋存于与燕山期花岗侵入岩接触的三叠纪白云质大理岩中。腾冲边境缅甸北部一线可利用的铁矿石资源达2亿吨以上，远景贮量亿吨以上。据腾冲地方志记载，在联族的大坪地、干柴岭、燕洞、土瓜山、柴家小坡、铜厂山一带，已查明的矿点有17处，矿床成因类型属矽卡岩型；矿石矿物以磁铁矿为主，次为赤铁矿，伴生菱铁矿、白铁矿、斑铜矿和磁黄铁矿等。

腾冲铁矿品质较好，低硫低磷，平均品位45%—50%。其中大坪地有富矿和贫矿各2000多万吨。滇滩柴家坝、滇滩大硝塘、大西练响水沟、明光铁矿岭岗等地在清代和民国时期已经开采铁矿。如今铁矿仍是当地工业主要产品之一。

硅藻土

硅藻土是一种硅质岩石，可作为助滤剂和吸附剂材料。主要原材料为生活在数百万年前的水生浮游类生物——硅藻的沉积物，长期沉积于湖底或海底并随地质运动演变成矿。在本区，主要产于腾冲坝、界头、曲石、芒棒、五合、团田、蒲川、勐连等地。

古近纪之后，强烈的构造运动在腾冲形成数个新生代湖盆，成为硅藻生存场所。上新世至全新世强烈火山活动为硅藻繁殖提供丰富的物质条件，该期的冰期较冷气候为硅藻提供适宜生存的低温冷水条件，相对平静的湖湾部位又是硅藻大量繁殖和遗骸稳定掩埋的良好场所，因而硅藻土分布较规律。在本区呈自北向南条带状分布，沉积有5—6层，总厚度近百米，长约12千米，东西宽3000—5000米，总面积66平方千米。

腾冲南部毛家村一带矿层较厚，盆地北部的观音堂和龙灯庄一带矿层则比较薄，各分布区硅藻土质量大都比较优良，化学性能稳定，初步探明总储量达2亿多吨，是中国重要的硅藻土产区之一，与内蒙古化德、吉林梅河口并称"硅藻土国内三杰"。

硅灰石

2000多年前，中国以植物纤维为原料发明了造纸术，2000多年后的今天，云南率先用硅灰石超细粉——"矿物纤维"取代了部分木材，生产出上千吨优质纸张。纸张的性能得到改善，还可减少木材制浆过程中的"黑液"排放，"石头造纸术"成为一场"绿色革命"。

云南矿石造纸的突破得益于其丰富的硅灰石资源，已探明储量有5363万吨，其中腾冲明光白石岩及与之相连的滇滩

腾冲明光与滇滩一带发育有大型硅

燕洞一带是中国最大的硅灰石矿床，远景储量达1亿吨以上，已发现7条矿体，似层状产出，一般长120—2000米、厚15—47米，含矿率56%—87%。70%的矿石可以手选，质量多为一级。

腾冲境内在区域地质上处于断裂构造的复合部位，是三江成矿带中波密—腾冲弧形构造带的南段，岩浆活动频繁，控矿构造复杂，除丰富的金属矿产外，还发育了大量优质的硅灰石、硅藻土及高岭土矿床。硅灰石产于燕山早期黑云母花岗岩和二叠纪灰岩的接触带上，呈南北走向分布，断续出露达8000—9000米，因生产开发简易，是当地加工规模较大的矿石品种。由于所产的硅灰石白度高，熔点高，绝缘性良好，成为当地纸业的重要原料。

昌宁硅矿

保山东南部的昌宁是个矿产资源富集区，现已探明并具开发价值的矿产资源有铁、锡、铜、锰、锌、石灰石、大理石、板岩、硅石、硅藻土

硅石是制作建材工业品的原材料。

等。主要集中在大田坝、柯街、漭水、耈街（"耈"古同"考"，"耈街"有时也写作"考街"）。

昌宁硅矿以石英硅石为主，为变质石英岩。资源较为丰富，其中探明的硅矿储量在2000万吨以上，加上许多未做过详细的地质勘查资料，现已初步确定的其远景储量在8000万吨以上。再者，昌宁硅矿一般埋藏较浅，易于开采，可降低开采成本。另外，其矿体分布广阔，且品位极高，达到国家规定的特级品和一级品标准，属国内罕见的优质硅矿。其中，位于该乡狮子塘背面的大田坝硅矿选石场，是云南硅矿石储量最大、硅矿品位最高的硅矿选石场。而耈街的阿干村白马牙硅矿以及漭水的沿江村黄竹林硅矿，经抽样分析，总体品质为特级品和一级品，属滇西优质硅矿矿床。

昌宁硅矿具有广阔的开发

灰石矿场，是云南矿石造纸业发展较快的重要因素。

前景和极高的经济价值,潜在价值约为10亿元。目前县内有4户硅矿开采企业和两户冶炼硅企业,硅矿资源的开发利用已成为全县工业经济的重要组成部分。

"兰城"

保山山高谷深,气候宜人,盛产兰花,野生资源有30多个品种,100多个变异种,尤其是在高黎贡山,当地人流传的俗语称其"屁股一坐三棵药,脚走三步踩兰花"。受兰花的吸引,当地人向来爱兰,多数人家都种兰。这一习俗已维持300多年的历史,故兰花被定为保山的市花,保山也被称为"兰城"。

当地土著很早就开始将野生兰花移植至家中栽培,尤其是明代以来,大量中原、江南移民带来先进的花木栽培技术,使兰花由原来只有少数人家拥有的名贵物品成为寻常植物。种植兰花因此成为当地风尚,几乎家家户户都栽有兰花,保山也就成为滇兰的重要产地。经过长期种养选拔,保山常见的兰花有保山剑兰、大雪兰、小雪兰、朱砂兰、蝴蝶兰、独占春、象牙兰及各种春兰、墨兰、建兰、蕙兰等100多

个品种。一年一度的保山端阳(农历五月初五)花街,就是以展出和交易兰花为主的花市,颇具地方特色。

滇皂荚

滇皂荚,荚果带状,分布于中亚、东南亚和南北美洲,在本区,零星生长于梁河、腾冲海拔1000—2000米之间的山坡疏林或路边村旁。由于具备多种用途,滇皂荚作为当地特有的经济树种而被广泛种植。

在皂荚属中,只有滇皂荚的种子外胚乳能食用。其外胚乳俗称皂仁、皂角米,口感细腻、幼滑,因而是传统的宴会甜食佳品,同时也是一种经济价值极高的营养保健食品,具

有补肾、润肺、利尿等功效。除此之外,皂荚壳具有良好的去污效果,被广泛应用于洗涤、洗发产品中,同时还因富含碳酸钾而用于化学工业。此外,滇皂荚材质坚实,是一种良好的建筑、家具及农具用材。它在绿色扶贫工程、退耕还林和天然林保护工程中,也是宝贵的多功能生态经济型树种。

滇皂荚在本区民间栽植历史久远,已有七八十年历史,其中又数梁河曩宋勐藏村种植最早。该地一棵20年生的滇皂荚稳产时,年收入将近8000元。然而,当地天然滇皂荚因过度采收,资源量陷入"捉襟见肘"的境地,人工种植遂成为一种重要的致富手段。2005年已有20.7平方千米种植面

滇皂荚因用途广泛而成为本区重要的经济林种之一。

积，梁河因而成为中国最大的滇皂荚种植基地县。

"阿拉毕卡"

"阿拉毕卡"（Arabica）俗称小粒咖啡，又称阿拉伯咖啡，是市场上最受欢迎的咖啡豆，占世界咖啡产量的70%，主产于巴西、哥伦比亚和其他拉丁美洲国家。阿拉毕卡味道温和，具香味与酒酸味，品质较高，也是唯一不必添加任何配料便可直接饮用的咖啡。

阿拉毕卡通常是较大的灌木，抗锈蚀病能力较差，对环境要求比较苛刻，海拔太高则味酸，太低则味苦。适合种植在南北回归线之间有高山地形、海拔800—1800米的地区，生长在排水良好、土壤肥沃的山坡上，阳光充足，降雨充沛，气温在15—24℃、冬季无重霜、温暖湿润的地区。保山隆阳潞江坝地处怒江干热河谷中，平均海拔870米，气温高，日照长，昼夜温差大，年平均气温21.3℃，总日照2336小时，年均降雨量748毫米，旱季达7个月，迎合了小粒咖啡对环境的挑剔"口味"。

20世纪50年代中期，首株咖啡苗由爱国华侨梁金山从东南亚引进潞江坝种植后，逐渐形成咖啡分枝密、颗粒饱满等特点。其产量约占云南咖啡总产量的70%，还创造了单产400千克的世界纪录。潞江坝成为中国最大的咖啡良种基地之一，腾冲、临沧、思茅、西双版纳等地也相继种植。

杜果

素有"热带果王"之称的杜果（又写作"芒果"），富含维生素A、B、C以及少量的钙、磷、铁等矿物质，具有很高的营养价值。杜果在潞江坝落地生根已有400余年时间，傣族人把杜果称为"麻檬"，即"香果"之意。

杜果性喜温暖，不耐寒霜，适宜生长在平均气温20—30℃的环境中。潞江坝地势平缓，土壤肥沃，水源充足，其天然温室的效应使之获得"太阳与大地拥吻的地方"的美誉。潞江坝干热河谷的气候十分有利于杜果的生长和收获，当地所种杜果就有40多个品种，如三年杜、白象牙杜、香蕉杜果、小杜果等，产量大，品质出类拔萃，其中的三年杜以肉厚核小、味香汁丰、色美形秀驰名。

因种植规模可观，潞江坝被列为云南杜果生产基地之一，得称"杜果之乡"。以杜果为代表的优质热带水果已成为当地的一项重要产业。

香料烟

"潞江三宝"——香料烟、杜果和阿拉毕卡中，香料烟的引进时间最短。它原产于地中海沿岸的巴尔干半岛，分布在希腊、土耳其和泰国等30多个国家，又被称为"土耳其烟"。中国的香料烟种植区主要在云南保山、新疆、浙江、湖北等地，本区则集中在保山。由于香气浓郁，吃味醇和，有良好的燃烧性及填充性，在烟草制品中独具风格。

香料烟对气候和土壤变化十分敏感，芳香主要来自其腺毛分泌物或渗出物，与土壤、气候及栽培措施关系十分密切，适宜在含有机质少、肥力不高、土层薄的山坡砂土地上栽种。金沙江、怒江等干热河谷从头年11月至翌年5月的温度、雨量、光照等与希腊、土耳其香料烟产区极为接近，特别是怒江干热河谷的自然生态条件对开发冬春优质香料烟生产更为有利。

保山香料烟年种植面积稳定在40平方千米左右，年收购烟叶6000—6500吨，烟叶质

本区除大宗粮食作物外，还因地制宜种植有小粒咖啡（图①，小图为其果实）、透心绿（图

量被中外专家评定为"接近希腊、土耳其水平，超过泰国香料烟水平"。

甘蔗

隆阳甘蔗被称为"中国最甜的甘蔗"，产糖率超过13%，平均蔗茎含糖分达15.4%以上，与甘蔗含糖量理论极限值19%十分接近。沿着怒江河谷一带的芒宽、潞江、杨柳、蒲缥等乡镇，都有大量甘蔗种植。此外，龙陵、昌宁、梁河等地也盛产甘蔗，但其含糖量均不及隆阳的怒江河谷高。

甘蔗原产于热带、亚热带地区，具有喜高温、需水量大、吸肥多、生长期长的特点。北纬25°—南纬25°之间、海拔高度在赤道附近1500米，年平均气温24—25℃，年降雨量为1500—2000毫米之间是甘蔗最适宜生境。隆阳河谷地带大部分海拔在1000米左右，温度稳定在20℃上下，几乎全年无霜，雨量适中，光热充足，甘蔗种植海拔甚至可以爬升至2000米。

中国甘蔗生产的三大优势产区广西、云南、广东三省区中，云南位列第二，年产185万吨（2007年数据），单是保山隆阳甘蔗产量就达65万吨，产糖7.8万吨，产酒精6000吨，甘蔗生产成为隆阳的一大产业

②）、香料烟（图③）、杧果（图④）和人参果（图⑤）等经济作物。

支柱，以隆阳甘蔗为基础的蔗糖业产值多年来一直占保山工业产值的1/4。

水籽石榴

作为滇西石榴的主产区，石榴是蒲缥著名的"土特产"。其种植石榴已有多年历史，拥有数个石榴品种。因籽粒饱满圆润，汁水丰盈甘甜，肉感软糯，得称"水籽石榴"，也叫"水晶石榴"。

石榴性喜温暖潮湿、阳光充足、通风良好环境，喜生长于略带黏性、富含石灰质的土壤中。蒲缥海拔在1200—1500米之间，极端最高气温31.7℃，极端最低气温零下1℃，年平均气温18.3℃，年降水量900毫米左右，年日照时2300—2500小时，多有砂质黏土分布，给石榴提供了适宜的生境，因而有大面积发展的可能。

有趣的是，保山坝及其他一些地方曾有人从蒲缥引种不少水籽石榴，但所得石榴不是汁味变淡便是籽实变小，籽核变大，被戏称为"忘本变质"的物种。而蒲缥所产的水籽石榴糖酸比例协调，且富含维生素，比较适合现代人的营养需求，具有较高的开发价值。

人参果

人参果因《西游记》而充满神话色彩，现实生活中的确存在着这样一种水果。虽不如神话所言"吃人参果可长生不老"，但因其富含维生素C、氨基酸以及钙、钾、铁、硒等多种营养元素，且含糖量低，具有增强人体免疫力、抑制恶性肿瘤细胞的裂变等功效，被称为"人生果""延寿果""高钙水果"等，更有"抗癌之王"的美誉。

人参果俗称蕨麻，原名茄瓜，属茄科蔬菜、水果兼观赏型草本植物。其果形状多似心脏形、椭圆形或陀螺状，成熟时果皮呈金黄色，有的带有紫色条纹。原产于哥伦比亚、智利安第斯山温带地区和秘鲁、厄瓜多尔等国家，喜温暖湿润气候，怕干旱、冷、热和渍涝，在平均气温较低的地区不易栽培和成活。

在昌宁柯街腊邑坡引种后，经过肥沃红壤的培育，人参果逐渐去掉了原有的异味，蜕变成为果肉清爽多汁、口味清香淡雅的美味果食。"吃人参果要吃腊邑人参果"，腊邑人参果已成为滇西一个知名品牌。2007年，柯街腊邑人参果产地约2.33平方千米，产量1万吨。

甜柿

甜柿是保山20世纪70年代从日本引进的舶来品，各县均普遍种植，现已成为保山的优势产业。保山先后引种日本次郎、富有、禅寺丸、西村早生、罗田等9个甜柿品种，是云南引种甜柿最早的地区。其中，次郎甜柿经引种驯化栽培，成为最适宜保山发展的优良品种。

当地甜柿生长态势良好，枝条粗短，分枝多。果实扁圆形，果肉红黄色，纤维少，肉质细脆。相对于涩柿，甜柿最大的优势就是能自然脱涩完全，且富含维生素C、铁、锌、钙、硒等多种营养元素，对防治肠胃病、心血管病、高血压等疾病有一定功效。此外，甜柿的保脆时间也较涩柿长2—3倍之多。

保山海拔1300—1800米，年均气温14—18℃，年降雨量在750毫米以上，其坝区、丘陵、半山区是最适宜甜柿的生长地。由于温度、雨量、光照、地势和土壤等环境条件均比较符合，且大小年不明显，丰产性强，因而比日本和韩国甜柿提早20—30天成熟，还可提前上市。目前，保山已成为云南栽培甜柿面积最大的地区，2008年种植面积超过33平方千米，产量和产值居中国之首，是保山外销量最大的两大水果（甜柿、香蕉）之一，远销北京、上海、广州、台湾等地，并出口泰国、越南等国家。

透心绿

透心绿是一种十分奇特的小豆种，因其富含花青素、叶绿素等生物碱而呈现出"白皮绿子"的特点，故名"透心绿"。它的豆子小巧玲珑，豆壳洁白光亮，豆瓣却通体翠绿，直透于心。实际上，透心绿只是蚕豆的一个变种，以绿色豆心区别于白色豆心的普通蚕豆。这种独特的蚕豆具有醇香回甜的口感，并富含钾、铁、锌等营养物质，且含量较普通蚕豆高。

与甜柿"舶来品"身份不同，透心绿是保山土生土长的农作物。隆阳属亚热带季风气候，地理环境特殊，孕育出丰富多样的物种。海拔1500—1800米的坝区为透心绿提供了生长的"温床"，全年中有5个多月均可生长。其他地区曾试图引种，因透心绿"变心"而没有成功。

作为保山的特有品种，透心绿的生产史已有200多年。如今，透心绿已成为保山山区农民增收的一种重要经济作物。年播种面积约2平方千米，一般单产每亩150千克，年总产量450吨左右。20世纪90年代后，一些厂商用现代设备和工艺相继开发出不同品牌的深加工系列产品，远销中国各地和部分欧美国家。

棕包米

棕包米为棕包树（又称棕榈树）的籽实，因嫩时被棕皮包裹，籽粒形似小米而得名。冬季孕育，二三月份初春时节于树上剥去外层棕皮即可取得。棕包米有苦甜之分，苦的称苦竹米，体态圆浑瘦长；甜的称荆竹米，体态宽肥丰满。其树耐寒耐瘠耐阴，幼苗则更

酷似小米粒的棕包米。

为耐阴，在阔叶树下生长较好。适宜生长在排水良好、湿润肥沃的中性、石灰性或微酸性土壤。

棕包米是腾冲的一种美食特产。民间多作为菜品，生熟都可吃，营养丰富，兼有消炎清火及降血压的药用功效。当地人经常将其与龙江白鱼并煮，制成棕包白鱼汤，成为腾冲美食中的上品。有趣的是，棕包树的生长有严格的地域制约，虽然腾冲周边地区保山、

龙陵、梁河等地也有出产，但多苦涩难食，唯独腾冲出产的棕包米苦中带甜。

腾冲农户在房前屋后或荒沟坡脑栽种棕包树，所产棕包米供产期长。因便于运输，易保管，耐腐烂，每年10月起至翌年3月，都有新鲜棕包米上市。每到这个季节，被喻为"懒庄稼"的棕包树就变成当地的"摇钱树"。

黄山羊

黄山羊是龙陵特产的畜牧品种，又称龙陵山羊。其头部与四肢毛皮乌黑如漆，自枕部至尾部有一条黑色背线，其余各部位皆为红褐色或黄褐色短

龙陵草场发育，为黄山羊提供了充分的生长条件。

毛。黄山羊生长速度快，体格壮大，因而屠宰率颇高。成年公羊体重达50多千克，周岁公羊可达40千克。黄山羊具有肉嫩、膻味小、产羔率高、适应性强、长势快等优良特性，历来为农户所散养。

龙陵黄山羊耐热耐湿力很强，生长在滇西南亚热带的中山宽谷地带，龙陵的平达、象达、天宁、龙新等山区乡镇为其主要分布区，少量见于腾冲明光。这些地区受来自海洋的西南季风和东南季风影响，水汽充足，年均气温14.9℃，无霜期237天，山区草场发育，形成以禾本科、豆科、沙草科、菊科等组成的山地草丛草场、混牧林草场、疏林草场等多种植被类型，为黄山羊提供了优良牧草。

在云南羊产业中，黄山羊占有重要的一席之地，是云南除宁蒗黑头山羊外大力推广的品种之一。20世纪80年代后，保山为发展这种优良畜种，对黄山羊进行保种选育，收集散养的大批健壮种羊进行规模繁殖。2000年后建立象达勐蚌基地、木城乌木山种羊繁育基地，商品羊销往昆明、曲靖、大理、德宏等地，继而跨出国门进入缅甸销售。

永子

有一种小巧玲珑的围棋子，因产自永昌，被称为"永子"，亦称"云子"。《永昌府志》《滇南杂志》等史籍记载，永子是以玛瑙石、紫英石合研为粉，再加上铅硝药料"合假"而成。现代光谱分析发现，成分有金、银、铜、瓷、玛瑙等25种原料。透过强光照射永子，白子中间呈现淡淡的红晕、黄晕，黑子呈现蓝、绿、黄、春花、咖啡等20多种颜色。

棋子含料比例并不一致，且大小不一，体现了当时"用长铁蘸其汁，滴以为棋"的手工制作过程，即棋子为小窑烧制，数十窑方成一棋。生产过程艰难，因而产量极为有限，数百年来风行天下而十分难求，为达官显贵、文士骚客所珍爱，也是进献皇室的贡品，被誉为"棋中圣品"，有"永昌之棋甲天下"之美称。300多年前，徐霞客行至永昌（今保山），见到永子，遂发出"棋子出云南，以永昌为上"的赞誉。

后来棋势衰败，明代永子存世的仅有少数几副，保山城的庄姓、陈姓以及云南博物馆、台湾博物院各藏有一副，成为稀世珍品。至清末民初，

永子烧制工艺一度失传。20世纪40年代末，昆明率先经过反复试验，终于在1975年老"云子"的基础上制成新"云子"，80年代后批量生产，1986年被国家体委审定为重大比赛用棋。

腾宣

宣纸历来为书画家之爱物，与湖笔、徽墨、端砚并称为"文房四宝"。出产于腾冲的宣纸——腾宣，虽然不及著名的安徽宣州所产，但在吸水性能、质感、色泽等方面亦不逊色，不失为上好的书画用纸，因而颇受书画界的青睐。画家徐悲鸿从东南亚取道腾冲回国时，曾购买三驮腾宣（数百张）用于作画。

腾宣诞生于明朝洪武年间，最初产于腾越观音塘，故曾被称为"观音塘大白纸"。生产模式主要以家庭手工作坊形式为主，以高黎贡山一带特有的构树皮作为主要原料。新中国成立后，以过去生产"观音塘大白纸"的手工作坊为骨干组建的生产合作社在传统工艺的基础上，采用构树皮以及高秆白谷稻草、麻、竹等植物纤维研制出了新一代产品。

据史料记载，1949年，观

构皮纸　腾冲除了出产腾宣，还出产构皮纸。构皮纸纯用构树皮制作，但工序复杂：构树皮需经过石灰浆浸泡、反复蒸煮以及漂洗、暴晒等关键步骤，历经数月，才能得到洁白光滑的构皮纸。这种纸的原料——构树，在古代被称为楮树，南北朝时期已被广泛使用。据现代科技研究证明，王羲之的《兰亭序》用的就是构皮纸，由于构皮纤维所含的胶衣像蚕茧一样具有光泽，故古人又将这种纸称为"蚕茧纸"。

腾冲地区林木资源丰富，带动了藤器（左图）、宣纸（右图）和油纸伞（相关内容见第136—137页）等手工业的发展。

音塘125户人家中就有85户从事造纸业。后来腾宣因当地一余姓商人在东南亚专营，故而又有"余宣"之称。20世纪70年代末，这一传统产品正式定名为"腾宣"。1980年腾冲所产书画用纸"雪花牌"宣纸，行销中国各地及海外。目前腾宣产量、质量和出口量均居中国第二位，仅次于安徽宣纸，与腾编、腾药合称"腾冲三佳"。

腾编

腾编是腾冲的名产，是藤篾中的上品，腾冲因此被誉为"藤编之乡"。腾冲与缅甸接壤的边境如腾冲古永、瑞滇、和顺一带的原始老林里，出产多种质地柔韧的藤条，如鸡广藤、水广藤、刮皮藤、黄藤、红藤等。以它们为原料制作的腾冲藤编品种繁多，包括藤椅、藤几、藤桌、藤床、藤箱、藤屏风、藤器皿等各种家具和藤工艺品，有"置于寒室不觉其奢，布于华堂不觉其陋"之说。

腾冲地区对藤条的开发利用历史悠久。据清光绪年间的《永昌府志》和《腾越厅志》

记载，滇西腾冲等地对棕榈藤的利用可追溯到唐代，迄今已有1500年的历史。藤条、藤编的大量利用，使古代腾冲的地名用字也多植以"藤"字，如"藤越""藤川"等较为多见，并有因"盛产藤条得名"的记载，"藤"字直到明末清初才雅化并规范为"腾"。

第二次世界大战前，云南藤器就已有较高水平，并远销东南亚和德国等欧洲国家，其中又以腾冲藤器的声誉最高。在19世纪末至20世纪初，密支那、腊戍至曼德勒的铁路相继修通后，由腾冲至缅甸腹地的交通大为改善，腾冲的藤编业也一度兴盛。如今腾越、滇滩、和顺的集体企业和个体户都大量生产，年产数万件产品。

腾药

被称为"自然博物馆"的保山，境内已查明1200多个中草药品种，为中国少有的中草药资源富集区。素有"天然植物园"之称的腾冲，更有"一屁股坐着三棵药"的生动民谣，药材种类占保山的一半。

保山中医中药是随着汉代以后从中原、巴蜀等地移民至此的戍边将士、贬谪官吏、远行商旅而来，融合当地少数民族的传统医药而成。北宋年间，已有关于用腾药治病救人的记载。明末清初，腾冲的中成药就以原料地道、配方得宜、疗效显著而闻名，其间还建成了腾冲"药王宫"。民国时期，腾药的生产经营更呈盛状，拥有大小药铺、诊所数十家，品种上百个。此后腾冲逐步对野生中药资源进行人工种养，试种当归、木香、川乌、潞党参、地黄、三七、云黄连、贝母等数十种中药，多数试种成功，还养殖金钱豹、熊、蛇、蝎等药用动物。

1958年，腾冲建成两个中药厂，使许多地产药材由原药材转化为中成药，销往中国各地。以腾药为代表的保山中成药，开始形成一定品牌效应，一些优质药材，如当归、木香、红花、木瓜等还进入香港市场，出口东南亚国家。腾冲中药种养业的发展和中成药制作，对提供地方制药工业原料、增加山地居民的经济收入等都起到了良好作用。

荥阳油纸伞

荥阳油纸伞虽没有江南油纸伞盛极一时，但也曾因手艺精湛、样式美观而畅销滇西北。当地村民利用附近马站、古永等地出产的毛竹和木料，还有村边沼泽地里长年生长的芦苇和毛竹作为伞柄、伞骨原料，用界头买来的构皮纸蒙上、涂上坝子油或桐油，称为"绿衣子"。从削伞骨、绕线、裱纸、上柿子水、收伞、晒伞，再到绘画、装伞柄、上桐油、钉布头、缠柄、穿内线等，手工工序复杂，一天只能制作一两把油纸伞，有大、中、小3种伞形，也叫花伞或"纸撑子"。

荥阳位于腾冲固东，其制作

始建于明天启六年（1626）的药王宫是腾冲中医药行业发展的重要见证。

油纸伞已有200多年历史。相传为清代在腾越城县衙当师爷的郑以公，从西街的张姓和周姓两个做纸伞的师傅那里学到手艺，带回家乡发扬，之后乡人代代相传，在很长的一段时间里，都是当地人主要的副业。旧时油纸伞在腾冲被视为吉祥的象征——在当地方言中，"纸"和"子"同音，"油纸"即有早生贵子之意，是新娘的必备嫁妆。

20世纪50年代荥阳制作油纸伞的有57户，年产雨伞4万把，大部分为中小型伞，销往保山、大理、昆明等地，还出口缅甸。60年代后受布伞和尼龙伞的冲击，仅有少量大油纸伞还在路边摆卖，至2005年已经仅剩4户人家在做油纸伞。近年因传承民间工艺的需要，荥阳纸伞业再度引起注意，当地又恢复了油纸伞生产，但作为工艺品，产量不大。

土锅子

腾冲风味中的一绝——土锅子，是一种有几百年历史的特色火锅。土锅子的烹制方法和原料搭配比较独特：用鸡和鲜排骨熬成骨汤做底料，配以青菜、芋头、山药、白萝卜、胡萝卜、油炸臭豆腐、黄笋、黄

传统的荥阳油纸伞制作过程十分烦琐，从材料到成型，全依赖手工完成。图中自上而下分别展示了荥阳油纸伞制作的几道工序：削伞骨、穿线和裱纸。

条、酥肉、泡皮等十几种荤素原料；其中泡皮的制作很独特，把洗净的鲜猪皮晒干后，用油泡炸后用冷水浸泡，再切成薄片，上面点缀一圈蛋卷；调料有树番茄、蒜米、芫荽等多种；底菜制作和安放都讲究一定的顺序。所得菜品营养全面，菜味鲜甜醇和。

不同于金属火锅，土锅子是用腾冲城郊满邑村的陶土烤制而成，造型朴素美观。用土锅烹饪的食物易熟味美，不但能保留原汁原味，还能延长保鲜期。在过去，土锅子是腾冲人春秋二季到山野扫墓祭祖的需要产生并发展而来的。随着腾冲旅游的升温，土锅子如今已变成日常宴客用餐，被称为"火山火海"，成为腾冲名菜之一。

关于土锅子的来源，还有一个传说：相传元朝末年，镇守腾冲的一位朝廷大臣看到边关每天送给战士的饭菜都是凉的，于是叫当地工匠烧制土锅子煮食，使战士们能吃到热饭食，后来才演变为一道美食。

大救驾

与土锅子齐名的大救驾

大救驾由饵块或饵丝烹制而成。

是云南腾冲最有名的小吃之一，至今已有数百年历史。大救驾即饵块，它以味香有黏性的优质大米为原料，把米蒸熟后舂打成面状，然后做成饼形、卷形、块形等各种形状而成，可以保存数月，食用时配以其他食料，可煮、炒、烧。

由于气候和环境不同，各地做的风味均不相同，腾冲的饵块以当地独特的浆米为原料，再用当地的清水蒸熟舂制，食用时不放酱油，味道清爽。约400年前，腾冲洞山胡家湾村人在原有饵块的制作基础上，发明了饵丝，质地更加细腻，色泽更加纯净，柔软而有"筋骨"，汤一烫便入口柔糯，口感远胜以往。腾冲饵丝在昆明、北京等城市的餐桌占有一席之地，备受消费者青睐。

"大救驾"的得名，相传与南明政权永历皇帝朱由榔有关。永历帝当年被吴三桂追杀，逃亡至腾冲，正当疲惫

不堪、饥寒交迫时，当地一户人家给他炒了一大盘饵块，永历帝吃后感叹"真乃大救驾"。从此，"大救驾"便成为腾冲饵块的代名词。

"施甸三味"

保山地区气候温热，新鲜的食物难以长时间保存，各地人们在长期的适应过程中都练就了保存食物的"独门绝技"。施甸人以独特的腌渍之技制作的小吃——雕梅、骨鲊、水豆豉——一果、一荤、一素三味，远近闻名，成为施甸腌渍产品中最具特色的"施甸三味"。

雕梅就是在红花大盐梅上雕刻梅、菊、荷等各种花样。去核后轻压成梅饼，再用食盐浸泡去酸，放入砂罐，用上等红糖、蜂蜜浸渍数月，直至梅饼呈金黄色方取出食用。清代施甸曾涌现出一大批专营雕梅的作坊，如罗氏"甫庆昌"、张氏"瑞兴号"、徐氏"会荣昌"、杨氏"永昌号"等名家，雕梅一度畅销于滇省内外及东南亚诸国。如今雕梅脯、雕梅酒等以雕梅作为主要原料的产品也应运而生。

骨鲊是施甸民间入冬时节千家万户必备的传统腌制食品之一。制作时用新鲜猪

排、脊骨及少量肠、肚砍剁成团状，加入多种香料拌揉，填压入罐，表面用猪油密封置于阴凉处，3个月后方可加热食用。其色泽鲜红透亮，骨酥如泥，油而不腻，爽口开胃，能增进食欲，是施甸民间入冬时节千家万户必备的传统腌制食品之一。

水豆豉是一种酿造调味食品。它以大豆（黄豆或黑豆）蒸煮发酵后加入姜丝、辣椒面等香辣料腌渍而成，其味酸香回甜，滋味隽永，惹人食欲，当地有句熟语："一颗水豆果儿下三嘴饭。"因水豆豉不耐久贮，人们将充分发酵的半成品晾干封存，分期加料腌渍，使常年都有水豆豉吃，是施甸人的"当家腌辣"。

"施甸三味"中的骨鲜和水豆豉。

耇酒

耇酒是昌宁的传统老窖，耇酒的产地——耇街，原名"狗街"，由地支十二生肖排名而来，清朝年间属顺宁府管辖。据说当时有个嗜酒的知府，把当地的酒进贡给皇室，康熙帝饮后即兴赐名"耇酒"。"耇"字为康熙首创，

意为长寿吉祥之意，后衍化为地名。

相传耇酒为清初一名姓李的贵州移民到昌宁耇街后开始酿造，采用贵州已相对成熟的烧酒工艺，结合彝族、苗族古传统手法，用当地所产的优质玉米、大麦和天然山泉酿造，形成独特的口感和余味，现已是云南地方小曲清香型名酒珍品。

每到丰收之年，当地酿酒业便大有发展，年生产量达5000吨之多，商贩把耇酒贩运到集市和周边地区销售，备受消费者青睐。"耇"牌系列白酒还畅销大理、临沧等市的各相邻县区，是云南代表性品牌之一。

回龙茶

回龙茶因产于梁河大厂回龙寨而得名，主要有"梁河回龙茶""回龙绿玉"两种品牌，是梁河最知名的茶品牌之一。回龙茶选用优良的大叶种茶树和新型无性茶树的细嫩鲜叶为原料，主要靠手工制作，高温杀青，热揉冷揉相结合，低温长炒，猛火促香。因

工艺精湛，所得回龙茶有条索壮实紧密、色泽墨绿、汤色清亮、香气浓郁等特点。

梁河大厂海拔1580米，年均温15℃，年雨量1648毫米，山高而不寒，多雾而又向阳，日照水分充足。土质为偏酸性红壤，耕作层深厚，有机质丰富，不仅适宜茶树生长，而且能使茶梢内的芳香物质、蛋白质的含量更丰富。

1940年，大厂农民孙朝欣到腾冲引进茶籽在回龙寨试种成功。1949年建起大厂回龙寨茶叶基地，是云南第一批有性系密植丰产园。目前，以回龙茶为代表的梁河大厂茶产业，已成为当地山区、半山区农民的支柱产业。

清凉磨锅茶

清凉山炒青茶经磨锅干燥的特殊工艺制成，俗称"磨锅茶"，因产于腾冲蒲川清凉山，故又称为"清凉磨锅茶"或"清凉山磨锅茶"。磨锅茶以大叶种茶为原料，当天采摘当天加工，经过拣叶、杀青、揉捻、分筛、初磨、摊凉、复磨、去末等工艺后，才算成品茶。所得茶叶形紧结，色泽绿润。冲泡后，汤色黄艳明亮，氨基酸及芳香物质含量较高，因此

特殊的地形和气候，使本区人们形成爱吃腌制品的饮食习惯，口味具有酸、辣、咸等特点，即使是烧烤食品，也会

香气浓郁，滋味醇厚，具有清凉解渴、祛除疲劳等功效。

清凉山毗邻龙川江，海拔2201米，山上群峰连绵，经常细雨蒙蒙，云雾缭绕，遍布着结构疏松、通气透水的沙质黄壤，富含有效磷酸，为茶树提供了理想的生境。凭借得天独厚的环境优势，清凉山区域种植云南特有的大叶种茶约26.7平方千米。以磨锅茶为代表的腾冲绿茶，给腾冲茶农带来的收入甚至远远高于红茶。

蒲缥甜大蒜

在保山坝和蒲缥坝，因拥有土质肥沃松软的红壤，且温度条件适宜，所产的大蒜色泽白嫩，瓣大而均匀，辛辣适中而且具有独特香气，称为保山

香蒜，又称离壳蒜。每至农历腊月，当地人就选取新鲜的"离壳蒜"，用红糖、米醋配以草果、八角、茴香等佐料进行腌制，制成蒲缥甜大蒜。其色泽黑红光亮，清香脆嫩，甜酸适度，且保持大蒜整个原形。腌制至少要经过8个月，时间越久，色香味越佳。由于采用小土罐封装，不会轻易霉变，可以保存5年以上。

150多年前，蒲缥一户王姓人家首次以"离壳蒜"为原料腌制成甜大蒜，过去常作为生津开胃、杀菌消毒的居家佐餐食品，后来发展成独具特色的保山名特小吃。如今随着种植规模和销售范围的不断扩大，大蒜已成为当地经济创收的重要手段。

腊鹅

滇菜擅长的多种烹调技法中，少数民族的烤、春、焖、腌、隔器盐焗等，具有浓郁的地方风味，有"云山牧野牛畜肥，肉成肉干分外香"的美誉。其腌法是适应当地气候特点和冬季宰杀牲畜的习俗而积累出的一套加工、贮藏和食用的传统技法，其中较有名的就是腊鹅。

腊鹅是把填肥的大鹅宰杀剖净后放食盐、硝等腌制数天，再压制成饼形，置于屋檐下晾挂20天，任其自然风干，同时避免太阳直射，保持其肥白的体色。烹调时文火慢炖，鹅肉鲜嫩味美，还具有一定的食疗价值。腊鹅制法的日臻完善得益于腾冲芒棒一直以来养

加入酸腌菜和辣酱调味。上图自左至右分别为产于本区的蒲缥甜大蒜、腊鹅、永昌板鸭和"河图大烧"。

鹅食鹅的习俗，因鹅以草食为主，耗粮少，几乎家家户户都养鹅，少则几只多至上百只。

精心饲养的生鹅加上考究的制作过程，提升了腊鹅的知名度。如今，腊鹅不仅是当地人招待贵宾的美味佳肴，亦成为其他各民族间互赠的常用礼品，还开发成五香鹅内脏软罐头等特色商品，并逐渐走向市场。

永昌板鸭

与腊鹅一样，板鸭也是在腌制后，经日晒夜露风干而成的保山美食，因古时保山称为永昌，永昌之名已为国内外所广泛熟知，因而这里出产的板鸭遂以"永昌板鸭"命名。

制作板鸭前，对麻鸭用人工催膘（活鸭站笼填喂）15—20日，使之达到标准重量。制作过程中还讲究对鸭体进行修边整形，以达到色白光润、造型美观的要求，所得板鸭肉质酥嫩，香气扑鼻。

永昌板鸭是选取饲养3—4个月的本地良种麻鸭为原料，具有肉质佳、经济价值高等优势。永昌板鸭作为历史悠久的地方美食，早在清朝末年，就远销中国港澳地区以及缅甸。

"河图大烧"

"大烧"即火烧全猪，素为保山盛筵上一道具有传统风味的大菜，保山大烧以隆阳河图的烤猪最为驰名，俗称"河图大烧"。其制作颇为讲究：取半膘猪屠宰清腔后，缝上破口，通体涂上混合调料，再将其置于炉灶上烧烤，边烤边扎针涂调料，腹背轮番烘烤直至熟透。所得"大烧"皮色金黄油亮，肉质鲜嫩。食用时可与酸腌菜相拌，佐以醋、酱油、辣椒油、芫荽末、蒜泥等调料，色味俱佳。

"河图大烧"除了制作过程考究，最独特之处在于选用当地产的细骨猪为原料。细骨猪体短肩窄，胸浅腹圆，体形较小，成熟早，肉质细嫩，成为农家喜于饲养的地方优良品种。河图处在宽坦的保山坝内，气候适宜，十分适合饲养猪。以细骨猪所加工的"河图大烧"，如今已成为保山饮食业的一个招牌菜。

滇缅抗

参的 永

是战

将家

反抗土墙

集合的抗

合缅的历史

们历史的

的们的

你的的

本区主要历史遗存

分布示意图

北

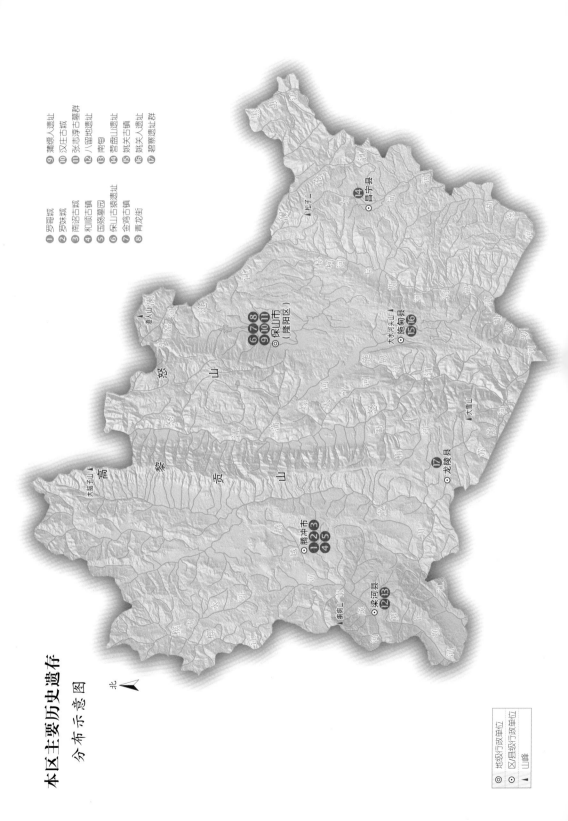

图例：
- ◎ 地级行政单位
- ⊙ 区县级行政单位
- ▲ 山峰

遗存编号：

1 罗哥城
2 罗妹城
3 南诏古城
4 和顺古镇
5 国殇墓园
6 保山古城遗址
7 金鸡古镇
8 青龙街
9 蒲缥人遗址
10 汉庄古城
11 张志淳古墓群
12 八留地遗址
13 南甸
14 营盘山遗址
15 姚关古镇
16 姚夫人遗址
17 碧寨遗址群

图中标注：

昌宁县 14

松子山

红

贡山

怒山

保山市（隆阳区）
6 7 8
9 10 11

大河未山 ▲ 施甸县 15 16

大鲁山 ▲

龙陵县 17

高黎贡山

大脑子山 ▲

黎

贡

山

腾冲市
1 2 3
4 5

梁河县 12 13

弥勒山 ▲

保山古猿

猿人是古猿向现代人过渡的重要阶段，分为早期猿人和晚期猿人（直立人）。以往国内外所发现的由猿向人演进的古猿化石，都处于距今800万年以前和400万年以后两个时期，中间的"过渡阶段"成为历史空白点。直到1992年保山古猿化石的发现，才弥补了这一重大缺环，使云南古猿向人类的演化发展得以接轨，并为"人类起源滇中说"增添了极有力的新证。

保山古猿化石发现于今隆阳城羊邑坝北清水沟，被埋藏在煤块中，虽经数百万年沉埋，依然保存完好。包括古猿左下颌骨（附犬齿、前臼齿、臼齿共6枚）一件及单颗前臼齿一件，同时有一些草食类、灵长类动物化石相伴出土。保山古猿下颌骨的形态与云南禄丰古猿相似，但臼齿上的齿冠宽短，比禄丰古猿更接近由猿到人进化过渡的主要代表——南方古猿，因此在系统进化关系上呈现明显的过渡性，既保留了猿类的原始特征，又表现出人类的一些进化特征，是一直沿着人类方向前进的人类直系祖先。

此外，根据所得化石和植物孢粉，人类学家勾勒出保山古猿当时的生存环境：羊邑煤矿位于澜沧江、怒江之间的保山东南30千米次级盆地，原是古地中海的一部分，后经剧烈隆起成陆，成为横断山系中一块独特而适宜远古人类祖先生息演化的风水宝地。该地遍布森林、灌丛、蕨类、草地、沼泽和湖泊，气候温暖湿润，古猿活跃其间，与剑齿象和其他灵长类动物等朝夕为伴。

蒲缥人

蒲缥人因发现于保山蒲缥而得名。1986年，考古人员在怒江东岸蒲缥坝北山南麓塘子沟村的小山包上，发掘出4个蒲缥人个体的古人类化石（头盖骨1件，上颌骨2件，下颌骨1件，单颗牙齿5枚）、动物和果核化石以及石器、骨、角、牙器等实物标本2300多件，另有丰富的用火遗迹、房屋遗迹等。经鉴定，人骨化石分属老、中、青年，具有蒙古人种特征，生活在距今8000—7000年前的全新世早期。

蒲缥人的氏族聚居地是一个相对高度约30米的台地巅

作为数千年前蒲缥人的繁衍生息之地，蒲缥坝至今仍是适宜人类聚居和生产的山间盆地。

坪，面积约2000平方米，当时是塘子寺山向东延伸的"半岛"，地处蒲缥古湖之滨，三面环水，与众多的山峦台地隔水相望，既有近水之便利，又因地势高峻而无水患之忧，还可减少来自金钱豹、爪哇犀、孟加拉虎等大型猛兽的威胁。

就社会形态而言，蒲缥人还处于原始社会的母系氏族公社阶段，以采集和狩猎为生存来源，使用的工具简单原始，石器全为打制的刮削器、砍砸器、尖状器等，以鹅卵石手锤最多，还有骨锥、角锥、弓箭一类短小兵器。猎获最多的是麂、鹿、猪、牛4种动物，遗址中留下的许多蚌、螺化石，表明他们捕捞过水生动物。考古发现，蒲缥人用枝草覆盖的简陋房屋，类似窝棚，是中国迄今发现时代最早的人类住房。此外，他们还掌握了人工取火技术，并学会烤制食物，标志着蒲缥人告别了茹毛饮血的时代，且寿命得到很大的提高——出土的4个蒲缥人个体中，年高者已达56岁以上，平均年龄也不下36岁。

姚关人

距今约8000年前，施甸姚关坝上生活着另一群晚期智人——姚关人。它的定名源于一具被发现于1987年的头骨化石，出土地点在姚关小汉庄村后万仞岗岩厦台地。经鉴定，这是云南旧石器时代遗址中迄今所见最完整的头骨化石。

姚关遗址包括万仞岗上、下两个岩厦，遗物分布面积500多平方米，文化层厚约1米。上岩厦出土的"姚关人"头骨化石为30岁左右女性，显现出亚洲蒙古人种和由晚期智人向近代人过渡的中间类型特征。值得注意的是，该具头骨化石断失了两枚上门齿，枕骨有两个石器敲凿的破洞，上下颌齿槽缘还有明显的牙周病及龋齿现象。考古学家认为，它对研究哀牢夷区古人类咀嚼习惯、口腔病史及民族习俗渊源有重要意义。

从出土的大量石器看，姚关人已学会部分打造石器的制作方法。虽然姚关人生活在旧石器时代晚期，但他们使用的是与新石器时代人类相像的打砸石器，诸如单平面砾石手锤和琢孔环形器、砍砸器、敲砸器、刮削器、尖状器等。此外，遗址中的动物化石、骨头和角器表明，姚关人以牛、鹿、麂、麝、豪猪、羊等动物为肉食，还知道如何将动物骨骼加工成狩猎工具。遗址中的两个火塘，则显示了这个族群吃熟食的习惯。火塘内炭屑、烧骨、红烧土密集，灰烬层与石灰华胶结为坚硬板块，火化石的石化程度及石器特征与蒲缥塘子沟遗址基本一致，因而属于"塘子沟文化"范畴。

濮人

濮人又称卜人，是历史上与越人并称的中国南方古老族群，商周时期还加入了武王伐纣的队伍，主要分布在中国西南的云南、贵州、四川以及汉江流域。分布在本区内的濮人又有不同的叫法：西汉时叫"苞满"，东汉时叫"闽濮"。后来根据外貌特征和生产特色的不同，又分文面的"文面濮"、嚼沙基芦子而染红嘴唇的"赤口濮"、善纺木棉布的"木棉濮"等

多个小族群。元朝以后则多统称为"蒲人"或"蒲蛮"。因长期处在封闭环境中，部落间的差异不断被拉大，形成众多支系，故而又叫"百濮"。

濮人很早就开始种植稻谷。然而，濮人所居之地多山，因此狩猎在他们生活中所占的比例要更大，猎头舞、猎豹舞、砍牛尾巴舞、木鼓舞等多种狩猎仪式便可说明这一点。此外，当地气候比较湿润，又有大大小小的河流遍布山间，濮人便选择在地势较高的山上建造干栏式建筑，以抵挡湿气。本区处在濮人分布的边缘，并有澜沧江、怒江的阻隔，环境相对更加闭塞，濮人之间缺乏交流，更难以产生统一的首领，因此被迫散居于山谷平坝间。

各濮人之间的社会发展和生产力水平存在很大差异，习俗也一直处在比较原始的状态。在以后的演变过程中，他们逐渐分化为多个不同的支系，当地的佤族就与濮人有很深的渊源：佤族人喜嚼槟榔的习俗概源于"望蛮"先民，而"望蛮"正是古代濮人的后裔。

哀牢夷

在汉文献中，古哀牢国的主体民族被称为"哀牢夷"。它是战国时期到秦汉时期活跃在以保山为中心的澜沧江中上游滇西一带的古老族群，传统上认为是濮人后代，也有研究认为他们是濮人和昆明人混合形成的民族，是古代西南夷的重要组成部分。

《后汉书·西南夷列传》记载，相传哀牢山下一位名为沙壹的妇人因触龙所化之沈木感孕而生十子，幼子九隆，后被推为首领，九隆带领哀牢部族在滇西南建立起哀牢古国，大约形成于战国中前期。后来，随着哀牢国军事和经济力量的逐步壮大，把周边一些部族也聚拢到哀牢国统治之下，哀牢夷逐渐扩展演化为包括闽濮、鸠僚、僄越、裸濮、身毒之民在内的庞大族群。哀牢国历时400多年，直到

两汉时期，随着中原王朝的开疆拓土、经略西南，哀牢王柳貌于东汉永平十二年（公元69年）率众"内附"，以其统辖地设永昌郡，宣告古哀牢国由奴隶社会步入封建社会。史载东汉建初元年（公元76年）哀牢夷曾因不满守令政令而率部众反汉，但终因寡不敌众而被汉王朝击败。东汉以后，随着哀牢国的日渐衰落，哀牢夷也开始逐渐分化，形成了今天的彝族、阿昌族、怒族以及茶山、浪速、载瓦、莨峨、黑语等族系，部分融合、同化于其他民族之中。

哀牢人习俗独特，以松树神为崇拜对象。因松树与龙的体态特征及其他属性极为相似，因此被认为是植物图腾化的龙。此外，他们还喜欢在皮肤上刻画龙纹，穿插鼻饰，并有"儋耳"的风习，后世"大耳垂肩"的说法概源于这种习俗。在穿着上，他们在布块中心挖洞，将其套在脖子上，称为"贯头衣"，衣服上还带有尾饰。此外，哀牢夷还懂得"知染采文绣"，发展出很高的纺织技术，有名的有帛叠、兰干细布、桐华布等纺织品。从出土的大量哀牢青铜器来看，其加工冶炼技术在当时已相当成熟。

佤族的木鼓舞与濮人的狩猎仪式息息相关。

哀牢故地

哀牢夷在滇西南以保山为中心腹地，建立起酋邦哀牢古国，此后不断将疆域向周边地区扩张。史学家考证，哀牢国辖境大致东北起于澜沧江，东南至礼社江与把边江间的云岭南延的哀牢山，西至印缅交界的巴特开山，南达今西双版纳南境，北抵今缅甸与西藏交界处，囊括今中国滇西、滇南及缅北等广大地区。《华阳国志》记载，至公元前2世纪末哀牢古国进入鼎盛时期，拥有"东西三千里，南北四千六百里"的广袤疆域，成为云南历史上三大强盛古国之一。

哀牢古国一直存续数百年之久，直至西汉武帝把郡县制触角伸到滇西，在滇中设置益州郡，往哀牢国强行移民，在今天的保山旁边建立了嶲唐、不韦两个县，派官吏进入管理，哀牢由盛转衰，东边版图退到以怒江为界。汉明帝永平十二年（公元69年），哀牢国的国主柳貌主动提出"内属"，统率其部众55.3万多人附汉，历经数百年的哀牢国完结。汉朝在此建立永昌郡，其范围与哀牢国辖地基本一致。从此，保山连同现今的大理、德宏、临沧和西双版纳一起，进入中华版图，成为大汉朝的一部分。

近现代保山地区发现的哀牢遗迹表明，哀牢故地无论是在生产工具、兵器、礼乐之器和生活器具等器物铸造上，还是耕织、服饰、饮食、丧葬嫁娶文化等方面，都已达到较高水平，创造了独具特色的哀牢文化。如今在保山境内河图毛公山脚仍有一座哀牢古寺。

嶲唐县

嶲唐县是汉武帝在西南开疆辟土时，于西汉元封二年（前109）设置的县治，隶属益州郡，漕涧是县治所在地。自那时起，当地与中原开始互通有无。嶲唐县位于怒江、保山和大理接壤的今云龙漕涧坝，瓦窑河以北至云龙南界为其县境。尽管嶲唐县境大部分不在本区内，但在古代行政区划上与本区关系密切。

公元51年，哀牢王启栗战

保山地区曾属哀牢故地的范畴（左图），由于历史久远，那一时期的文物多已散佚，现存的哀牢寺（右图）为后人根据传说而修建。

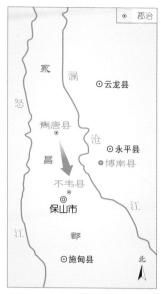

东汉时期永昌郡郡治由嶲唐县迁往不韦县示意图

败，汉朝以其地并益州西部六县设为益州西部属国。公元67年始委派官员担任"属国"都尉，治所嶲唐，两年后哀牢国的国主柳貌率部"内属"，汉王朝在哀牢腹地设置的永昌郡，郡治仍设于嶲唐。从公元69—76年，嶲唐一直作为哀牢腹地永昌郡的首府，为一方政令之所出，曾经辉煌一时。公元76年哀牢人攻打嶲唐县和博南县（今永平），永昌太守退守叶榆（今大理），永昌郡治迁往不韦县，嶲唐开始转衰，到东晋时被废置。而曾作为嶲唐县治、具有2000多年历史的漕涧，在云南23个历代著名古镇中是历史最悠久的一个，被誉为"云南第一古镇"。

不韦县

与嶲唐县一样，不韦县是汉武帝在西南开边时，设置于公元前109年益州郡最西端的县份，治所在今保山隆阳金鸡村。关于"不韦县"地名的由来，有"吕嘉说"——汉武帝在平定叛乱、获得南越王相吕嘉的首级之后，将其遗族迁徙到今滇西地区，建立了郡县，名曰不韦，以彰其先人恶行。亦有"吕不韦说"——秦国国相吕不韦获罪贬至四川后自杀身亡，汉朝将吕不韦的子弟宗族从四川迁徙至保山坝，并设"不韦县"，属永昌郡所领八县之一。《三国志》中记载吕不韦的后裔、蜀将吕凯是"金鸡村人"。

不韦县地处博南古道跨越澜沧江后进入保山的咽喉地带，位居平坦肥沃的保山坝内。不韦县的建立，使哀牢王被迫撤出保山坝，统治中心也退缩至怒江以西地域，宣告哀牢国鼎盛时期的基本完结。哀牢国内附之后，不韦县从益州郡划出与其他七县合为永昌郡。此后，汉王朝在这里长期推行土流并存的政治体制，实行"以其故俗治，无赋税"（《汉书·食货志》）的特殊政策，并选派一些贤能之士（如蜀人陈立等）担任县令，使原本具备良好农耕基础的不韦县域日趋繁荣，位列永昌郡八县之首。

公元76年，永昌郡治从嶲唐县迁到不韦县后，不韦县对周边地区的影响范围扩大，魏、晋时均为永昌郡治所，至东晋废。历经南北朝战乱和隋唐云南地方分裂改制，声名显赫的不韦县直到唐初才逐渐消失，县治金鸡村却悠然长存，逐渐发展壮大为一方重镇，存留至今。

永昌郡

早在西汉时，汉武帝就曾多次试图打通蜀身毒道，即从四川通往身毒国（印度）之道，但因哀牢夷的阻挠而未能实现。东汉永平十二年（公元69年），哀牢国归东汉统治，其地划为哀牢、博南两县，并与原益州郡西部的嶲唐（今云龙漕涧坝）、不韦（今保山坝东金鸡村）、比苏（今云龙、兰坪）、叶榆（今大理）、邪龙（今巍山、漾濞）、云南（今祥云）六县一起共八县合置为永昌郡辖。郡治起初在嶲唐县，后来迁到不韦县。其辖区南、北、西三面与原古哀牢国疆域版图基本一致，东边则到达今祥云、弥渡、巍山、漾濞一带，总面积9.88万平方千米，人口

年代	郡治	辖 治
东汉	东汉嶲唐、不韦	哀牢、博南、嶲唐、不韦、比苏、叶榆、邪龙、云南
三国蜀汉	不韦	哀牢、博南、嶲唐、不韦、比苏、永寿、南涪

东汉、三国时期永昌郡区划表

约189万，成为东汉第二大郡。永昌郡的设立打通了南方丝绸之路，使得众多南亚国家纷纷来朝，中国与南亚的往来络绎不绝，甚至遥远的西亚文化也由此道传入中国。

蜀汉时期，永昌郡东部的叶榆、邪龙、云南三县被划出，归新设云南郡管辖，南部新增永寿（今耿马）、雍乡（今临沧地区）、南涪（今普洱地区、西双版纳州）等三县，其范围覆盖今大理的云龙和永平、保山地区、德宏、临沧地区、西双版纳、普洱地区等广大区域。至西晋永嘉四年（310），

除永昌东南的部分土地（今普洱一带）被划出，领属范围与三国时期基本一致。东晋时期，将比苏划属西河阳郡，后来又在原来的疆域基础上，在今德宏、西双版纳、普洱地区新设永安、犍㝄、西城三县。《晋书·地理志》载到东晋咸康八年（342），永昌夷民叛乱"以越巂还益州，省永昌郡"，永昌郡有名无民，基本等于废置，之后又历经宋、齐、梁，至陈废。北周时永昌郡的行政建置重新出现，位置则已北移到今四川东部，唐代将永昌郡故地归属于永昌节度的范围。继

归大理，前期仍承节度，后改为永昌府。

南甸

南甸是梁河的古称，位于德宏东北部，最早的古名为"南宋"，因元、明、清时代隶属腾越州（今腾冲）节制，其在地理位置上处于腾冲南部，故而改名"南甸"（"甸"指郊外坝子）。

西汉时属益州郡不韦县，东汉时属永昌郡哀牢县。从元置南甸军民总管府起，便开始成为一个独立的政区，"南甸"这个地名从此叫起。明朝在边疆少数民族地区设置的政权机构分为宣慰司、宣抚司、安抚司三等，南甸宣抚司是武职，任

南甸宣抚司署建筑群包括牢房、两厢楼、账房、戏楼和小姐楼等众多建筑。图为南甸宣抚司公堂。

职之人掌管生杀大权，官品可从最低的七品上升到四品为止。而南甸宣抚司鼎盛时属部直抵伊洛瓦底江，幅员之广，为三司之冠。清袭明制。民国时期，土流并设，先后设置八撮县佐和梁河设治局。从元朝设军民总管府至1950年被废除，南甸宣抚司历史长达661年。

早在2000多年前，南甸就是世界著名的中国西南陆上丝绸之路的必经之地。同时，它也是一个多民族聚居县，包括傣族、阿昌族、景颇族、德昂族、傈僳族、佤族6个世居少数民族，其中当地阿昌族占全国阿昌族人口的43％。历史上，当地各民族互通语言文字，互通婚姻，互相学习——现存的"南甸宣抚司署建筑群"，就是一座典型的汉族、白族、傣族等少数民族风格相结合的衙门建筑。

汉庄古城

诸葛亮"南征四郡"时是否到过永昌（今保山），史学界对此存在两种对立的观点：有的认为没有到过，有的则认为永昌是诸葛亮"南征四郡"中最边远也是最后一郡。持后一种观点的人推测，蜀汉建兴三年（225）三月，诸葛亮率军

从成都出发，沿今岷江而下，至宜宾，兵分三路进军。"五月渡泸"（今金沙江），至永昌郡，诸葛亮在这里留下了诸多遗迹，最重要的佐证就是位于保山城南3000米的汉庄诸葛营村旁遗址，即"汉庄古城"。

汉庄古城发现于1981年的文物普查中，城选址地势开阔平坦，沙河之水从城边流过，土地肥沃，交通便利，有农桑之利。在一片已经沦为田地的遗址中，可见高出地面2—5米的城墙，整个城墙东西长365米，南北宽310米，周长为1300多米，面积11.6万平方米。墙体基宽10—15米，均由数十层沙石夯筑而成，层次清楚，层厚为15厘米。在墙体内掺杂有不少汉晋时期的碎残砖瓦，纹饰清晰，其中一件楔形砖还印有隶书"太康四年（283）造作"铭文。城西有外廓，文化层最深达5米。城壕最宽处近20米，最窄处有11米，同时还发现有道路、房屋、排水沟、铺地砖、柱洞等建筑遗迹，说明当时城内有规范整齐的街道和巷道。从砖瓦堆集层中发现的大量炭屑和红烧土块来看，基本认定汉庄古城后来是毁于大火中。

据专家分析，遗址所属时代大约在东汉至西晋时期。按

武侯祠　公元235年，蜀汉的南部分地区出现叛乱，诸葛亮率三军南下征战，其间，他命令部下不许滥杀无辜，并以"攻心"策略赢取威名。位于保山西面太保山上的武侯祠，据说便是当地人为纪念诸葛亮当年平定南中叛乱而修建的。武侯祠约建于明嘉靖年间，占地4700多平方米，主体建筑包括前殿、中殿、正殿，其中正殿端坐着诸葛亮的泥塑彩像，左右两边分别站立着一个书童。另外，在诸葛亮塑像旁边，还造有永昌太守王伉、云南太守吕凯的塑像。

规模来看，汉庄古城很可能就是人们长期在寻找的永昌郡城，历时长达400多年。从建筑遗址上可看出当时该城内修建有官署衙门、军营等建筑，可初步确定这座城池主要是当时的政治和军事中心。修筑城池的目的在于保护军队的安

宽平的汉庄古城遗址仅存一道高出地面2—5米的土墙。

全，同时满足对外防御和对内统治的需要，也体现了当时中央政府管辖范围南移，加强对南方边远地区的统治。可以说，汉庄古城址是云南唯一的汉晋时期古城址，也是云南现存时代最早的古城址。

南诏古城

腾冲历来是一座边塞商业重镇，但唐时其商城究竟位于何处，史料缺乏明确的记载。直到20世纪90年代，南诏古城（史称西源城）遗址的发现，才解开了这个谜题。

古城约建于南诏赞普钟十一年（762）南诏王阁罗凤"西开寻传"之后，经历大理国至元代毁于战火，相沿600余年。从现场发掘来看，古城由内外城组成，均为人工夯筑的土墙圈围：内城是横长方形，长约230米，宽220余米，城墙墙体厚4—6米，面积5万余平方米。城内大小街巷井井有条，俗称"三十六花街七十二柳巷"及"七十二条花柳巷"。其中两条中心大街横竖相交，路面宽达17米，均以腾冲火山石铺成覆瓦形，两侧有排水沟道。外城为纵长方形，长约780米，宽约650米，城墙墙体厚12—14米，总面积是内城的10倍。房地遗迹显示当时房屋多临街建筑，并依地势逐级升高，成片相连，其中以城区中上部的豹子窝台地建筑群规模最庞大，占地3000平方米，呈"回"字形布局。

南诏古城外城虽重建大佛古寺，但古城遗貌至今已难寻觅。

古城的整体布局及设计具有典型的唐宋建筑风格，体现了以皇权为中心的建筑意识。

南诏古城的出土地点——腾冲西山坝，是一片辽阔的缓坡地带，这里土壤肥沃，气候宜人，是人类的理想居所，同时也是腾冲3个朝代政治、经济、文化中心和军事要塞。据考证，为进一步控制边地，南诏王异牟寻从南诏内地大量移民至此地，改置腾冲府予以长期治理。

罗哥城·罗妹城

罗妹城和罗哥城是两座失落已久的城邦，隐匿于腾冲北部界头永安村的丛林间。如今两座废弃的"城邦"规模仍然巨大，罗妹城占地约6.7万平方米，城址呈正方形，有东、南、西、北4条道路通向"城外"，4座城门已废而石基仍存，颓圮的城墙边还有已经淤浅的护城河"西康河"。相距几里、与罗妹城遥遥相望的罗哥城城池

罗哥城、罗妹城残存的城垣遗址。小图为罗妹城中出土的破碎的古建筑瓦砾。

南北长182米，东西宽177米，占地约2万平方米，环绕在古城周围的红色城墙依然走向清晰。在两城荒芜的地上，随处都是残存的地基、石阶、瓦砾、碓窝，都曾出土过多个头骨，可见这里曾经人丁兴旺。如今，两城的初民已经杳无踪影，村中杨、龙两姓10多户村民，均为后来从各地迁入的居民。

关于罗妹城和罗哥城的来历和消亡，当地有一则流传广泛的传说：一对兄妹为寻找随父出征边疆的母亲，历尽艰辛后在高黎贡山西麓瓦甸街（今界头永安村）与母亲团聚。后来兄妹俩在瓦甸称王，各自修筑一城，即罗哥城和罗妹城，兄妹俩每年向朝廷进贡，被封为"罗伯王"，后来因为兵祸逃往缅甸，城池被弃。

然而，史学家并不认同"罗氏哥妹"之说，认为高黎贡山西麓在汉代以前就是景颇族先人"寻传人"生息繁衍的地区。事实上，"高黎贡"是景颇族先人的语言，意指景颇族居住的地方，"高黎"是景颇族家族或部落名称。自汉代开始，历经唐宋至元，已经出现势力强大的部落酋长。明建文元年（1399），当时势力强大的景颇族部落之一早氏家族归附明王朝，明王朝在这里设置安抚司，并封早氏为安抚司长官。罗妹城与罗哥城可能便是当时瓦甸安抚司司署驻地，据推测，两城的突然消亡大概与民族迁徙有关。

"三宣门户，八关锁钥"

腾冲地处中国西南边境，除了具有商业重镇的作用，作为军事重镇的地位亦十分突出，自古为兵家必争之地，这里曾发生过诸多战役。明代以前有三国蜀汉丞相诸葛亮平定南中之战，南诏蒙氏九世孙异牟寻逐诸蛮等，因而修建有众多古城堡、古关隘、"土围子"等军事设施。因境内关隘众多，地位重要，故有"三宣门户，八关锁钥"之称。

明初，边地实行军屯，边防戍守更受重视，1448年腾冲筑起"石头城"作为边地的中心城堡。明万历二十一年（1593），保山巡抚陈用宾在边境要塞处设"八关"，包括"三宣六慰"的永昌军民府辖域，以"威定边疆"。"三宣"指明朝在西南少数民族地区设置的南甸、干崖和陇川3个宣抚司的总称。各宣抚司都领有士兵，战时由朝廷征调，是明朝借助当地土司权力来控制边远地区的一种建制。"八关"分上四关和下四关，上四关包括神户关、万仞关、巨石关和铜壁关；下四关包括铁壁关、虎踞关、汉龙关和天马关。

清乾隆年间在关内择沿途要地设立比关口小一个等级的9个隘所，"九隘"分别是

梁河地区至今仍有少数民族供奉观音，这是"一手倡孔，一手倡佛"宗教政策延续下来的传统。

古永隘、明光隘、滇滩隘、止那隘、大塘隘、猛豹隘、坝竹隘、杉木笼隘、石婆坡隘。清道光三年（1823），腾越知州胡启荣又在边境地区设"七十七卡"。这些关卡地势险要，易守难攻，为方便官兵常年驻守，都建有相应的军事设施，其中不少卡子都设在出入国境的主要路口。清朝高宗时，清王朝忙于稳固其在中心平原地区的统治，无暇西顾，天马、汉龙两个关口失于缅甸。后来中缅划界，虎踞、铁壁两关所在地又被割离版图，中国境内仅存"上四关"。这些关、隘、卡在辛亥革命后随士卒逃散而渐废，历史使命亦告终结，仅存一些遗址和遗物。

"一手倡孔，一手倡佛"

梁河是傣族、阿昌族、景颇族等少数民族的聚居地，元代在这里实行土司制度后，土司作为地方领主对当地历史文化产生较深远的影响。1903年，梁河土司刀守忠提出文化施政方针——"一手倡孔，一手倡佛"，在尊崇孔孟之道的同时，亦大力宣扬佛教，广建庙宇，相继在大厂、河西、遮岛、九保、曩宋等地建15座寺庙——当地称为奘房，是僧侣生活和信徒从事宗教活动的场所。这样的措施使儒家文化和佛教渗透到当地人民物质和精神生活的各个方面，由此形成梁河地区儒、释并存的独特文化景观。

历代土司对学习汉文化表现出积极主动的态度，大力提倡孔孟文化，并带动土司衙门里的贵族子弟、属官乃至百姓学习、钻研汉文化，成为一种风尚。例如二十八代南甸土司龚绶（刀樾春）幼年曾师从腾冲拔贡吴家禄及蓝友三门下，学习四书五经并表字印章。与此同时，由于靠近佛教国度——缅甸，梁河也成为佛教最早传入的地区之一。佛教在当地的影响十分广泛，当地傣族即是全民信仰南传上座部教（亦称小乘佛教）的民族。南甸土司在信仰小乘佛教的同时，并不排斥汉传佛教——大乘佛教，而龚绶晚年也笃信佛法，常诵《金刚经》。

据学者分析，梁河南甸土

司之所以要实施"一手倡孔、一手倡佛"的政策，最主要的原因有二：一是随着自身势力的衰弱，土司必须通过文化政策融合汉族与少数民族，以巩固自己的地位；二是由于明代大量汉族迁入，以儒家为代表的汉文化也不可避免地传入梁河，再加上梁河的特殊地理位置，又方便了佛教的传入，使儒学思想与佛学教义得以在梁河广泛结合。

徐霞客保山之旅

徐霞客在云南的游历考察，足迹遍及今天的曲靖、昆明、楚雄、大理、丽江、保山等10个地区的46个县（市、区），保山之旅是在他54岁时完成的。明崇祯十二年（1639）暮春时节，他沿着西南丝绸之路踏入保山这块山雄水奇的西南极边之地，开始他人生最后也是最为艰远的一次壮游。

农历三月二十八日，徐霞客从霁虹桥进入永昌府（今隆阳）境内，先后踏访了兰津古渡、太保山、九龙池、芭蕉洞、九隆翠岗、玛瑙山等胜迹，寻觅古哀牢国遗踪。四月初十由永昌府云瑞街出发，向西渡过怒江，翻越高黎贡山，于四月十三日到达腾越州城（今腾冲）。他先从州城向西北考察叠水河瀑布、宝峰山、打鹰山、云峰山、滇滩关、南香甸等地，然后由界头古道经瓦甸、曲石返城。接着继续由州城向南游历来凤山、罗汉冲、长洞山、杨广哨、硫黄塘、半个山、绮罗村，最后再回州城。五月廿一日，徐霞客东渡怒江返回永昌府，

之后又前往顺宁府（今昌宁）考察，直至八月初四离开保山，足迹遍布今隆阳、腾冲和昌宁的33个乡镇、150多个村寨。

保山之旅中，徐霞客对本区火山、地热、山川、物产、民情、风俗、饮食等做了较为翔实、生动的记述，写下3万多字的《滇游日记》，基本将本区境内山川河流的源流、分合、形态及其来去走势梳理清楚，纠正了前人认为澜沧江与沅江汇合、怒江与澜沧江汇合的谬误，得出"两江归海"的科学推断。此外，他还根据当地土人的回忆，记下打鹰山曾于1609年发生过火山喷发活动，不过今天的地质学者仍未从火山岩年龄测定或相关的地层样品鉴定中得到与此相关的直接证据，因此徐霞客所记载的打鹰山火山喷发仍是一个谜。

甘稗地之战

1885年，英国发动第三次侵缅战争完全占领缅甸后，再一次把目光转向相邻的保山地区，企图用武力实现其蓄谋已久的以恩梅开江和怒江分水岭（高黎贡山）为界的陵犯计划。1900年1月，英军数百人及缅军1000多人，以"勘察边界"为名，从缅甸密支那进入

徐霞客保山之旅路线示意图

当时的中国拖角等地，利用威逼利诱的手段，对沿途村寨进行"招安"。2月，陵犯军先后侵入云南腾越厅所属的滚马、茨竹、派赖、官寨、痴戛等村寨，威逼村寨居民投降。

当时派赖寨的甘稗地，驻有土守备左孝臣率领的土练（边防民众武装）600多人，皆招募自当地景颇、傈僳、汉族群众。左孝臣一面派人飞报腾越总兵张松林，一面带团勇500余人分兵驻守山头，准备迎击英军。2月13日，英方司令3次派翻译来向左孝臣假意要"彼此和好，勿开边衅"，但当晚即前来偷袭。团勇执刀、戈、矛、弩弓浴血奋战，接连几次击退英军的冲击，但终因寡不敌众，且对方武器精良。经过一天一夜的战斗，团勇伤亡140多人，其中牺牲80多人，左孝臣身先士卒，身中8弹，为国捐躯。

抗英斗争发生后，张松林派兵往援，英军遂退至拖角。之后中英双方继续因中缅边界各持己见，各派员会勘界线，产生蓝、红、黄、绿、紫五色线，即清末提议的中缅北段范围的"旧五色线图"，然而实际都是在中国范围内打转。纵然这样，中缅北段范围界定仍是悬而未决，给10年后滇缅边境的"片马事件"埋下隐患。

腾越起义

保山地区是辛亥革命的重要战场之一。1911年10月27日以张文光、刘辅国为首的同盟会发动了腾越起义，以自治会成员和新军组成的起义军队伍在腾越古城打响了云南辛亥革命的第一枪，并迅速占领道署、腾越厅署、军机局，把九星旗帜插到了城门楼上。起义宣告成功后，即成立了云南境内的第一个资产阶级革命政权——滇西军都督府，张文光任滇西军政府都督，刀安仁任第二都督，刘辅国任民政司长。

腾越推翻清朝政府的革命事业肇端于杨振鸿，而成功于张文光。1910年春，起义骨干在腾冲张文光家中商议起义计划，并订立腾省互应密约。次年10月29日，由陈云龙、钱泰丰、李学诗等率领起义军兵分三路继续挥师东进，一路出保山、一路出凤庆、一路出云龙，约期会师大理。进军途中，队伍扩大到25个营，到11月中旬，起义军已控制了腾越地区、龙陵、凤庆、云县、云龙、永平等地区，并继续东进。

起义军行至大理，发生了"腾榆衅端"，云南省军府对其采取压制、瓦解政策，将腾越起义军裁编为11个营，张文光改任协都督兼腾越总兵，刘辅国辞职，李学诗任维西协任副将，为时不长的腾越起义宣告夭折。尽管如此，腾越起义还是有力地推动了同年10月30日的昆明"重九起义"，为中国辛亥革命立下大功。

位于今腾冲第一中学紫薇苑内的滇西军都督府旧址局部，都督府前身为清宣统二年（1910）正月设于原财神庙内的腾越厅自治局。

忠烈祠 最早为古人为忠臣烈士而建的祠堂、祠庙，祠名一般由皇帝封赐。到了近代，特别是第二次世界大战之后，忠烈祠多为中华民国政府所建，国殇墓园内的忠烈祠即为其中之一。这是一座重檐歇山式建筑：从大门进去，至第二级台阶的挡土墙上面，嵌有蒋介石题、李根源书"碧血千秋"；上檐牌匾——"河岳英灵"亦为其所题；"忠烈祠"匾额则是革命党人于右任的手书。祠内正面墙上挂着孙中山像及其遗嘱，两侧墙则立着阵亡将士的题名碑石，一共9618人。

国殇墓园

1944年5月，为了策应中、英、印联军对缅北日军的反攻，重新打通滇缅公路，收复滇西失地，中国远征军向隔江对峙两年多的怒江西岸的日军发起反攻。远征军20集团军强渡怒江、收复高黎贡山后，就与驻守腾冲的日军展开鏖战，日军凭借腾冲城和来凤山坚固的工事及堡垒群负隅顽抗，战争十分惨烈。最终在9月14日以中方伤亡2万多人的代价全歼日军3000余人，整个腾冲也变成一片废墟。为了纪念抗战英雄，战后腾冲群众在近代名士兼革命家李根源的倡议下自发组织捐款活动，并由当地的几个大家族无偿捐献土地，在腾冲城西南来凤山下叠水河畔的小团坡上建起墓园，并于1945年7月建成。李根源根据《楚辞》中的"国殇"一篇，为之起名为"国殇墓园"。

墓园面积5万多平方米，以一条南北向的石阶甬道为中轴线串联起来。纪念塔树在坡顶中央居高临下，四周是烈士墓群，3000多座石碑刻有烈士各自的姓名、军衔，并按照各自的编制序列整齐排列，宛如3000多个整装再发的壮士。忠烈祠里陈列有腾冲战役的详细资料和战役中牺牲的9618名烈士的名录碑，以及各种挽联石刻等等。

松山战役

松山战役是1944年中国远征军与日军在松山进行的一次战役。1942年5月，日军由缅甸入侵中国西南边境，迅速攻占了怒江以西的大片区域，切断了中国当时唯一的陆路国际交通大动脉——滇缅公路，中国急需重新控制滇缅公路。松山雄峙龙陵东北部，山势险峻，地形复杂，占据怒江天堑，扼守滇缅通道咽喉，是两军战略进退的重要根据点，因此松山战役在滇西战役中占据关键性地位，被称为"东方的直布罗陀"。

1944年6月4日，远征军向松山发起攻击，战役正式打

滇西抗日期间，本区作为正面战场，历经大小战役数十次，其中以腾冲战役和松山战役最为惨烈，园冢英园就是这段历史的最好见证，园内以纪念……四周整齐排列着刻有烈士姓名和军衔的石碑，约3000多座，但实际牺牲者远不止这个数目。

松山战役主战场集中在腾冲和龙陵，山上的工事遗址随处可见。上图依次为松山战役路线示意图、工事布局示意图、大寨遗址、战壕遗址。

响。日军拥有庞大的堑壕、地道体系，又有空投补给，以腊孟寨、大垭口、阴登山、滚龙坡等为主要据点进行顽强抵抗。第一阶段远征军虽然发起多次猛烈的进攻，但是不清楚敌营的布局，损失惨重。同年7月，双方进入持续的拉锯阶段，远征军派来了熟悉当地地形、气候的李弥参与指挥作战。经过多次的大规模进攻后，不断消灭日军的有生力量和堡垒，终于在9月7日以伤亡近2万人的代价，攻下松山。

次日，滇缅公路重新开通，远征军有了源源不断的军需补充以后就节节推进，迅速收复了腾冲、龙陵，使怒江两岸军队连成一片，把战线推进到境外，并于1945年1月与印度的中国驻军会师，标志着滇西缅北会战最后的胜利。

碧寨遗址群

龙陵东部和北部被怒江和龙川江由东西夹峙，境内的远古文化遗址点也多分布于这两条江的岸旁。龙陵东部、怒江西岸的碧寨就是一个古人类遗址资源富集区，已发现的有船口坝、石包包、郭家地包包、河口田、下窝子田、包包田等6处新石器时代遗址，构成沿江遗址群。

遗址群文化堆积层明显，文物堆积丰富，出土大量不同种类的石刀、石斧、石箭镞、陶片等器物，已收集到1568件实物标本。其中位于江谷二级台地上的船口坝遗址，面积达24000平方米。出土石器有肩石斧、靴形石斧、双肩石闩、砍砸器、刮削器等，而肩石斧、靴形石斧等打制器物，还显现出与澜沧江中游的"芒怀文化"相同的迹象。与碧寨其他遗址一样，都用江岸河滨坚硬的鹅卵石击裂为薄片。陶器裂片以夹砂褐陶为主，器形为罐、盆、钵、碗、盘、纺轮等，纹饰以线纹居多。此外，该遗址还出土少量鸟骨、狗颌骨及人类头盖骨的亚化石。

遗址群密集分布于自船口坝顺江而下到堵墩河口的短短12千米范围内，说明在古代，碧寨坝环境十分适合人类生存，成为人类的聚居地。据考证，当时居住在怒江西岸的居民，是一个"冬居江谷以避严寒，夏处高山以避暑热"的部落群体——早期的濮人先民，时代迄今4000—3300年之间，处在母系氏族社会的衰微时期。他们主要以采集和渔猎谋生，甚至开始饲养诸如狗之类的小动物；已学会纺织和烧制土陶器皿，并有了求美的工艺意识。

八留地遗址

遗址位于梁河曩宋八留地。在发掘面积217平方米的范围内，陆续出土残缺陶瓷6000多片，完整陶罐1个，象鼻陶器1个，圆形陶纺轮2个，铁器2件，另出土石器数百件。其中陶纺轮，略呈圆饼状或凸圆形，中有孔，插入木柄或骨柄可以捻线，为新石器时代文化遗址中常见的古代陶制纺线用具。这些陶瓷品、残片器物工艺精细完美，大都是生活工具和生产工具，标志着梁河在新石器时代父系氏族社会就具备了制陶条件和生产水平。

八留地遗址的发现，证明至少在3000—2500年前，梁河就有人类的繁衍生息，这里处在大盈江流域，大盈江自东北向西南穿流而过，两岸土壤肥沃，水源充足，气候温润，是人类的适宜居所。这片遗址是大盈江流域的代表性史前文化遗址，流域内的梁河勐养以及潞西、瑞丽一线，都有磨光双肩斧、夹砂印纹陶出土，其地理环境与文化面貌均和华南其他百越区近似。当时的人们很可能

已开始种植谷物和饲养家畜，并处在原始社会向部族社会过渡的重大历史时期。直至现代，傣族中仍有人一直将磨光斧、锛当作能避邪护身且赐人以"神力"的宝物加以珍藏。

营盘山遗址

1987年，昌宁田园右甸坝东北部的营盘山村民在山上耕作时，偶然挖出了2件交叉叠放的青铜人面纹大弯刀，由此揭开了营盘山遗址最初的面纱。此后考古队在营盘山巅坪及其坡缘地带，发掘出面积约1万平方米的遗址，陆续发现更丰富的古人类遗存。

在出土的遗存中，最引人注目的是一栋面积25平方米的房屋遗址。屋内地面遍布近20厘米厚的炭灰、烧土、白灰泥粉刷层，遗留有多层炭化的圆木和交织的粗细竹片、藤条、纤维。屋内遗留石斧、石刀、刮削器、砺石、夹砂黑陶片多件，器类有罐、盆、钵、釜等，普遍施有纹饰。东南角堆积有厚8—20厘米、重7000多克的炭化稻米，全为饱满的脱壳米粒，为迄今云南所见年代最早的古稻遗存，稻米下还有炭化竹囤箩块片。中部地面有用大鹅卵石围成的2个火

塘，且填满厚30多厘米的炭灰。此外，草房顶为"人"字形，沿穴壁筑有木骨泥墙，房屋周边还有6个柱洞。这一切表明该建筑是一栋半地穴式房屋，拥有粮食储藏区和炊饮、睡眠活动区等多种功能分区。

营盘山人所在的营盘山缓坡地带，是右甸坝区域面积最大、山巅较为平坦的半岛形高地，山下右甸河盘绕而过。当时这一带气候较现今暖热湿润，属热带季雨林分布区，四山绿草丰茂，土质肥沃。他们过着村落聚居的定居生活，已具备较高的生活器具制造水平，甚至有了审美意识的萌芽。在连年农耕的基础上，兼事渔猎、畜牧和多种手工业生产，还可能已掌握了冶铜技术，但日常生产生活工具仍以石、陶、竹制品为主。据考察，营盘山遗址的居民生活在距今3300多年前，是今傣族先民中的一支，所处年代约属父系氏族公社晚期，或已跨入奴隶制社会的大门，是哀牢国形成期较为进步的区域之一。

张志淳古墓群

这处古墓群分布于隆阳汉庄张家山村，是明成化至嘉靖年间的永昌（保山）名士

张志淳古墓存留下来的石刻碑坊。

张志淳的家族墓葬。古墓群面积约3300平方米,采用的是明代三品官典型墓葬制:一座圆形主墓冢,一座山门石刻碑坊,三组石刻神兽石虎、石羊、石马,两座神道石刻碑亭,墓冢为张志淳及其夫人沈氏、侧室狄氏的合冢分室墓。此外,墓穴以糯米粥、石灰、细沙三合一灰浆浇铸,以青砖围砌呈圆形后再以土覆盖。墓区还有围墙与外面隔离,并有完善的排水系统。

张志淳及沈氏的墓葬沿用的是中国古代传统的墓室密封砌筑方式,即棺椁用上乘的木材做成,棺木密封形成恒温,有木炭和灯芯草填充除湿,尸体经药物吸水,干燥后才入棺下葬。这也是墓葬中能发现张妻沈氏干尸的原因。尤为珍贵的是,墓区的碑刻和墓志铭上的文、书、画堪称三绝。

张志淳家族为当地望族。

他的曾祖父张杰在明朝初期是应天府江宁县(今南京)人,受"诖误"牵连,于洪武末年(1398)被贬至永昌,后经努力,张家兴起于当地。张志淳本人官至南京户部右侍郎(官阶为三品),虽为官20余年,但生平不得志。他的儿子张含、张合也是保山历史中颇负盛名的官员和文学人士。

青龙街

青龙街是保山隆阳板桥的一条古街,原名"板桥街"。相传古时有两个从内地到边地的商人在附近的"梅花古渡"架板为桥,方便行人来往,又以物美价廉的货物吸引四方乡人来此交易,从此便形成了集市。清乾隆以前,板桥街火灾频发,街民捐资修建魁星阁,以截断"火"源,并扎制青龙,全街戏耍,"以龙(水)治火",此后"青龙街"遂成为板桥街的代称。

历史上,青龙街是西南丝绸之路的重要驿站,各种"堂""店""号""记"等商铺数不胜数,马帮商旅不绝于道,曾诞生过青龙街第一大家族——万家,有"万家半条街"之说。民国年间,青龙街已是区域性的商品加工集散中心。青龙街长875米,宽8.6米,路面由石板铺砌,至今遗留着一串串深浅不一的马蹄印迹,可以想象当年繁华的商贸

至今青龙街的集市上仍有摊贩活动(左图)。街边还保留着不少古建

景象。街两旁是保存完好的传统民居，为外向型铺面和内聚型住家的前店后宅式布局，整体形成前街后巷的街巷空间结构，便于商人自由灵活地穿越于大街小巷进行贸易活动。今天，曾是"滇西一大集市"的青龙街仍然是当地人赶街的集市，鞋匠、碑匠、打马掌的、卖杂货的至今依然可见。

"极边第一镇"

滇滩，原名瑞滇，位于腾冲北部边境，与缅甸山水相依，国境线近25千米。这里地势比较平坦，西沙河穿镇而过，并留下一段宽大的河谷平地。它是一个多民族聚居的边境乡镇，汉、回、傈僳等多个民族世居于此，其中少数民族占全镇人口的12%。

历史上，滇滩是军事重地。据史料记载，南诏王征茶

筑，如魁阁（右图）。

山时，曾在此地设关防守。明永乐年间，因境外叛乱侵扰，又设滇滩关，万历年间改设滇滩隘，清道光年间设练屯兵，民国年间设乡。抗日战争期间，滇滩作为边境要冲，对抗日物资的输送做出过重要贡献。

由于地处边地，商贸是滇滩的一大特色。古代西南丝绸之路开通以后，滇滩成为永昌道西端的主要聚散地之一。往来于此的马帮，运载着丝绸、布匹、瓷器、铁器、漆器、茶叶等经由此处进入缅甸、印度，又带着宝石、珍珠、海贝、琉璃等经此返回，然后辗转贩卖。如今，镇内滇滩口岸仍然是中国滇西对缅的重要口岸，其距缅甸克钦邦第一经济特区板瓦12千米，并有3条出境通道通往缅甸。两国通过口岸的经济文化交流越发繁忙，还设有专门的"边境贸易区"，因而被誉为"极边第一镇"。

和顺古镇

和顺古镇东邻腾越，西接中和，南和荷花相连，北与中和接壤。这是一个以汉族人为

主体的古镇。他们的祖先来自四川、南京、湖广等地，是受命军屯戍边者，到达这里的最早时间是明代洪武年间（1368—1398）。一些后来无法再回故乡的军人就在这个地处西南边境前哨之地定居下来，世代生息繁衍，距今已有600余年的历史。有"极边第一城"之称的和顺，古称"阳温墩"，因有小河顺乡前流过，清代康熙年间这里开始被称为"河顺"，后来才改称"和顺"，源于"云涌吉祥，风吹和顺"的诗句，含"士和民顺"之意。

古镇建在火山台地之上，四周为火山所环绕，因此从地貌上看，它所处之地为马蹄形盆地，地势平坦。绕村而过的三合河，缔造了垂柳拂岸、田野生绿的美景。古镇的人们聚族而居、以姓筑巷，但没有占用平川之地，古刹、祠堂、

163

镶嵌在腾冲坝之中的和顺古镇（图①），历来享有"书香名里"和"华侨之乡"的美名。受区位和历史等因素影响，镇内居民以汉族人为主，生活风气既传统又开放。以建筑为例，这里的一砖一瓦无不显示着厚重的文化气息，建筑风

格以汉文化出彩，并杂有西方元素。诸如中西合璧式的寸氏宗祠（图②）、水墨画般的徽派建筑（图③）、传统院落式的三坊一照壁（图④）及江南水乡式建筑（图⑤）等，都是其中的佼佼者。

和顺图书馆 和顺不仅是"华侨之乡",也是"文化之津",和顺图书馆就是对后者的最佳注脚。作为中国最大的乡村图书馆之一,和顺图书馆内拥有上万册藏书,包括不少珍贵的古籍。事实上,和顺图书馆不是单一的建筑,而是由大门、中门、花园、馆舍主楼、藏书楼等组成的建筑群。其中大门挂有清代举人张砺书"和顺图书馆"牌匾,中门悬有胡适所题的馆名。整座图书馆显得古朴典雅,自1924年建馆以来,至今仍弥漫着浓厚的书香之气。

明清古建筑以东西向为轴,环山而建,渐次递升,绵延两三千米。因为地处西南古丝路要冲,且在滇缅边境,这里的民居建筑异彩纷呈,有徽派的建筑,也有江南水乡的;有南亚的,还有欧式的,或者就是中西合璧,比较多见的是传统庭院式建筑的三坊一照壁、四合五天井,总体排布依旧"乡音不改"。两座石拱桥连接村内外大路。村中所有的道路,甚至连村外的田埂都用石条铺就,晴不扬尘,雨无泥泞。

镇上的居民亦商、亦儒、亦耕。人们自古有重教兴文的优良传统:这里八大宗祠保存完好,族谱流传至今;七大寺庙古老而庄重,呈现儒释道共存的宗教文化格局;华侨集资兴办的和顺图书馆,前置花园,美观素雅,藏书万余册,拥有"中国乡村第一图书馆"之美誉……600多年生生不息的文化孕育了一代马克思主义哲学家艾思奇、教育家寸树声、缅甸四朝国师尹蓉、华侨领袖寸如东……更具传奇色彩的是,一代代和顺人以马帮为交通工具"走夷方",他们经商买卖,足迹遍布缅甸、泰国、新加坡等13个国家和地区,和顺古镇因而成为云南著名的侨乡,历史上曾涌现出一代"翡翠大王"寸尊福、富甲一方的"永茂和"商号等。古镇因此被誉为"中原文明在西南边陲凝结而成的一块琥珀"。

金鸡古镇

金鸡古镇距保山市东北约10千米,相传常有凤凰停栖于村后的巨石,当地人误认为金鸡,故名。镇内的核心在面积约1平方千米的金鸡村里,由两条呈"丫"字形相交的主道连接其众多的"井"字形街道,便于各方商旅自由来往。沿街分布着传统的民宅建筑,有居民5800多人。文庙街与季平街衔接处有一个建于清代中叶的大戏台，可以想象当时人们聚集于此观戏的热闹景象，至今仍是每年正月十四及其他重要民间节日举办活动的场所。

金鸡古镇历史悠久，远古时代，金鸡古镇是保山先民蒲缥人的最早聚居地之一。西汉时，相传汉武帝征服哀牢国开通西南夷后，迁吕不韦后裔于此并设永昌郡所辖八县之首——不韦县，治所在今保山金鸡村，是滇西设治最早的地方之一，至今已经有2100多年的历史。此外，金鸡古镇还是西南丝绸之路的必经之地，该路的区段之一——博南古道由汉武帝于公元前105年前后下令开凿，向西跨过澜沧江，首先进入的便是金鸡古镇，可见该镇在当时是关键的咽喉地带。如此重要的商贸之地，自然是各个朝代着力治理的地区之一，即使动乱时期也不例外，多设哨岗和其他管理机关。

如今，金鸡古镇已成为滇西著名的历史古镇，镇内错落分布着新石器遗址、东汉遗址、金鸡寺、卧牛寺、吕凯故里石表和吕公祠等历史遗迹，仿佛在诉说着金鸡古镇的荣辱兴衰，只是当年的繁华景象早已不复存在。

姚关古镇

坐落在施甸南部的姚关古镇，东接昌宁湾甸，西连万兴、酒房，北与甸阳、摆榔为邻。姚关古镇四周青山环绕，中部坝子草木丰茂，是一个高原型古湖岩溶溶蚀丘陵盆地。在众多小河、溪流的浸润下，古镇呈现出一派山水相映的迷人景色。远道而来的汉族人在此繁衍生息，成为当地的主要居民。被誉为"高原水乡"的古镇在唐宋时称"猛笼"（傣语，意为"森林茂密的地方"）；元称"老窑"；明万历年间，邓子龙受命率军在古镇周边筑"五关"御敌，始将"窑"雅化为"姚"，故得名"姚关"。

姚关古镇内房屋建盖精细，依街而建，以四合院居多。由于与外界的接触较为频繁，许多商贩、工匠、军民的后裔至今仍居住于此，形成姚关古镇姓氏多、族别杂的居民格局。它的古老程度，可追溯至8000多年前，当时姚关人在此繁衍生息，随后濮人群落又为姚关的古文明添上浓墨重彩的一笔。此外，还有洗甲桥、磨剑亭、里骚关、芭蕉关、血战桥、清平洞、山邑洞、恤忠祠、城隍庙等众多驻兵遗迹，至今仍在诉说着邓子龙驻兵姚关的金戈铁马史。

作为边陲之地，姚关古镇还是古永昌郡通往东南亚丝绸之路的重要驿站，经过历史的沉淀，这里渐渐生成一股浓厚的经商风气。自清代至民国年间，姚关人往返于下关、保山、鹤庆、大理等地，甚至借姚关的地理便利远到缅甸经商；也有来自湖广、四川、江西等外省的商贩工匠到此经商贸易，从而促进了这里各行各业的进一步发展。民国后期，古镇诞生不少商贾富户，以姚关街为代表的市场一度呈现繁荣兴旺的景象。

姚关古镇的传统民居四合院一角。

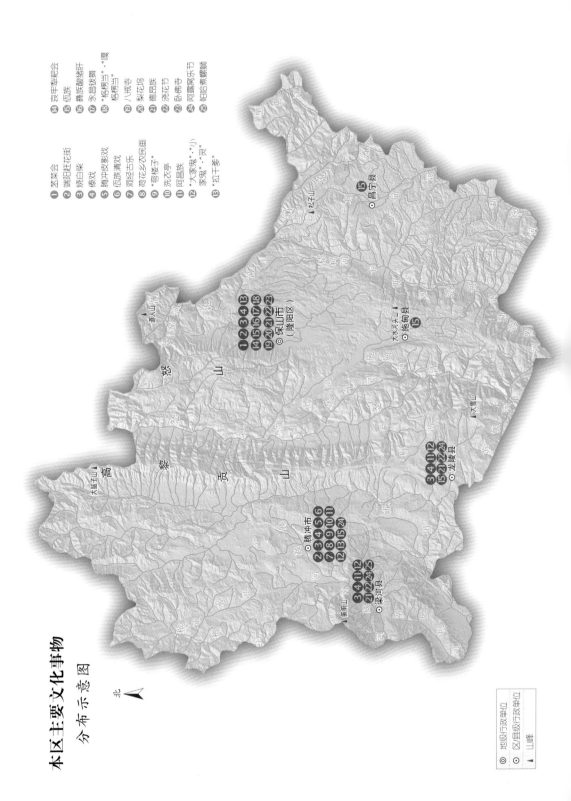

本区主要文化事物
分布示意图

北

① 茭菜会
② 端阳赶花街
③ 烙白柴
④ 傣戏
⑤ 腾冲皮影戏
⑥ 佤族清戏
⑦ 洞经古乐
⑧ 荷花乡农民画
⑨ "耍楼子"
⑩ 洗衣亭
⑪ 阿昌族
⑫ "大菖兒"、"小菖兒"、"扣干哥"
⑬ "扣干哥"

⑭ 贺年犁靶会
⑮ 佤族
⑯ 彝族酸猪肝
⑰ 永昌坝舞
⑱ "格榜当"、"嘎格榜当"
⑲ 八戒寺
⑳ 梨花坞
㉑ 德昂族
㉒ 泼花节
㉓ 卧佛寺
㉔ 阿露窝乐节
㉕ 帕哈煮螺蛳

昌宁县 ⑮

施甸县 ⑮
大河头山

保山市
(隆阳区)
① ② ③ ④ ⑬
⑭ ⑮ ⑯ ⑰ ⑱
⑲ ⑳ ㉒ ㉓

龙陵县
③ ④ ⑩ ⑫
⑮ ㉑ ㉒ ㉔

腾冲市
② ③ ④ ⑤ ⑥
⑦ ⑧ ⑨ ⑩ ⑪
⑫ ⑬ ⑮ ㉔

梁河县
③ ④ ⑩ ⑫
㉑ ㉒ ㉔ ㉕

◎ 地级行政单位
⊙ 区县级行政单位
▲ 山峰

"人类学的奇境"

保山地处世界屋脊青藏高原的南缘地带，自古就是人类生存的理想乐园。保山古猿、蒲缥人和姚关人化石的出土，充分证明保山既是人类的起源地之一，也是人类文明的发祥地之一。在以后的发展中，随着古丝绸之路的开辟，本区遂成为西南丝绸之路和茶马古道的必经之地，人类的迁徙成为可能，从而形成多民族杂居的独特形态。

由于生存条件恶化和受中原势力的挤压，长江下游、东南沿海的百越民族和西北的氐羌民族相继有一部分迁至这里。战国末期，活跃在保山的古老族群——哀牢夷，为后世彝、怒、阿昌、茶山、浪速、载瓦、茛峨、黑语等多个族系的诞生奠定了基础。与此同时，为了保护商路、疆土以及降低土地压力，中原地区的汉族人口也通过戍边、移民实边、商旅等形式落籍于此，与彝、白、苗、傣、回、佤、满、傈僳、景颇、阿昌、布朗、德昂等36个少数民族一起，使保山成为云南民族多元化格局的缩影。

虽然本区民族众多，但各民族之间通过长期的交流融合，并吸收来自缅甸、印度等周边国家的文化，形成了以中原文化为主调、各民族文化特色鲜明的格局。仅就宗教而言，就有佛教、道教、伊斯兰教、天主教、基督教等；在民间文化上，既有汉民间的腾越古乐、皮影戏、花灯、仙灯、渔灯、茶灯、扬琴、台阁、渔鼓等，也有佤族的清戏，傣族的嘎光、傣戏、麒麟舞、白象舞，傈僳族的"上刀山、下火海"绝技及跳嘎、三弦舞，阿昌族的蹬窝罗等，堪称民族文化大观园。这种罕见的人类学现象引发了马可·波罗、徐霞客、洛克等人的由衷感叹，美国著名记者和作家埃德加·斯诺更称其为"人类学的奇境"。

边地文化

一般来说，边地是多种文化互动、交融的地带，表现了文化的地域性特色。本区地处西南边境，又有永昌道辐射东西南北，是中、印、缅文化交流的重要通道，凭借得天独厚的条件，这里逐渐成为滇西一个重要的历史文化据点。

保山地区，高山、中山、平坝、河谷等地貌皆备，形成多民族居住格局，这里聚居着汉、彝、白、苗、傣、回、佤、满、傈僳、景颇、阿昌、布朗、德昂等13个世居民族。不同民族又有复杂的族系渊源，存在着族群文化的差异，光是民间曲艺就有傣剧、滇剧、香通戏、佤族清戏、腾冲皮影戏等。相对于中原文化，边地文化在发展速度与节奏上一般比较缓慢，但许多文化也因此被保存下来。比如工艺方面的人工抄纸、皮影靠子、油纸伞制作、打锡箔等，又如大钹、洞经、"嗝阴"方言等，这些已经没落但曾流行于中原地区的事物，得以在本区继续流传下去，与水鼓、葫芦丝、竹竿舞等少数民族风俗共相辉映。另外，作为边境，各种宗教信仰也在这里传播，其中最为鲜明的当数小乘佛教。它经由缅甸传入，成为当地的主要信仰。佛教的节日活动常年不断，又因与缅甸等佛教地区山水相连，民间交流不断，每年有大批的泰国、缅甸傣族人前往保山城北的卧佛寺朝拜进香。同时，边境又意味着出国谋生的便利，于是，在边地文化中，侨乡文化又占有一席之地，保山地区以侨乡闻名，出自这里的华侨分布在世界亚、欧、美、非、澳等洲的20多个国家和地区。

在古代，本区是戍卫要地，现存的蒲满哨、汉营古城、

①

本区以高山之下、平坝之中所孕育出来的粗犷而淳朴的边地风情最具地域特色（图①），来自中原、异域的文化基因更大大丰富了其文化内涵：既有傈僳族在刀杆节期间祭拜明代兵部尚书王骥（曾率15万大军在腾冲开垦农田、兴修水利）的传统习俗（图②）；也常见信奉小乘佛教的傣族信徒在奘房门前跪拜的庄重情景（图③）；梁河地区

甚至仿照泰国、缅甸佛寺建造了大金塔（图④）；而来凤寺中的白玉祖师殿（当地人将发现和氏璧的卞和尊称为"白玉祖师"）则体现了本区更为罕见的玉器崇拜文化（图⑤）；怒江以西唯一的尊师重教建筑——腾冲孔庙也昭示着本区边地民间信仰文化的多样性和包容性（图⑥）。

兰津古渡、三岔河碉堡等众多历史信息符号，都见证了古老的边地军事文明。为维护边地和平，从中原、江南等地移民而来的汉人在此定居下来，汉文化也随之传播，并渗透到少数民族文化当中。位于梁河的南甸土司衙门就是一座比较考究的汉式衙署建筑。同时，受西南丝绸之路的影响，当地又形成跑马帮、"走夷方"等商业文化风俗，具有浓郁的边地色彩。每年都有大量商人往返于滇缅之间，长期的通商和文化交流，为此处文化的多元化格局增添了异国元素，腾冲和顺古镇的中西合璧建筑群便是这种边地文化的鲜明注脚。

"文献名邦"

7000多年来，保山的自然环境、古代遗址、官府文牒、通商凭证、民间书信、游记石刻、名士风流、民族风土人情等各方面蕴含的信息浩如烟海。它是蒲缥人发迹之地、哀牢古国兴盛之处，也是西南丝绸之路必经之路、戍边卫国之要冲，同时还是彝、傣、白、傈僳、苗、布朗、佤、阿昌、景颇、德昂等民族的聚居地。丰富多彩的历史人文资源，使保山向来不乏考究记录所需的资料，被誉为"滇西文献名邦"。

"文"是指有参考价值的人文资料，"献"指学问渊博、熟悉掌故的贤者。历代不乏名人学士曾亲历保山，并将其历史记录在册，也有各朝统治者下令编撰地方志，以便了解民情。东汉人杨终和之后的诸葛亮分别编纂了《哀牢传》和《哀牢国谱》，记录2400年前的哀牢古国的文明。明徐霞客对本区火山、地热、民情、风俗、物产等做了较为翔实的记述，写下《滇游日记》。自明嘉靖起《永昌府志》首编以来，清康熙、道光、光绪几经续编，地方史志体系不断完善。民国时李根源编纂的《永昌府文征》，更是史界的推重之作。除此之外，还有吕凯、马可·波罗、邓子龙、杨元、杨升庵、王宏祚等名人成为保山文献的"注脚"。

彝族

彝族是本区人口最多的少数民族，主要分布于保山、昌宁、龙陵、施甸四地，他们有自己成片的聚居村落，并与其他民族交错而居，在本区建有昌宁珠街、隆阳瓦马、芒宽、瓦房，龙陵木城等彝族相对集中的行政区。他们的居住地多在海拔2000—2500米的山区或半山区，以农业生产为主，主要的农作物有玉米、水稻、小麦、马铃薯、荞麦等；与大小凉山的同族一样，黄牛、猪、山羊等畜牧业亦在本区的彝族人生活中占相当重要的地位，家禽饲养甚至是部分农户经济的主要来源之一。

本区的彝族居于民族走廊澜沧江的沿岸，为区别于大小凉山及其他地区的彝族，本区的彝族被标签为称为"澜沧江的彝族"，或称"保山彝族"，主要姓氏包括有左、茶、李、殷、郭、阿、罗、吴、张、段等。从历史的角度看，他们是一个由多种民族相互融合而形成的民族共同体，支系、族称繁多，比如在昌宁境内，就有腊罗巴（腊鲁拨）、迷撒拨、聂苏濮、香堂等支系。各支系的语言不尽相同，服饰的图案、颜色、穿着方式亦有差别。尽管如此，他们仍过着相同的节日：春节、元宵、二月八、清明、端午、火把节、月半节等。他们创造了丰富多彩的民间文艺，既有唢呐曲牌，又有民间小调，亦有传情山歌及民族舞蹈，还有《创世纪》《洪水漫天》等关于人类起源的传说。其中最具特色的，是流传于隆阳、昌宁的永昌大铙，彝语称

"大钹聚自得",属于彝族传统舞蹈,多于婚丧嫁娶时举行。

佤族

"远古时期,人类都被困在阿佤山(临沧、思茅一带的大山)中部的石洞中,佤族祖先率先走出来,洪荒时期又有水牛相救才得以在阿佤山繁衍生息……"谈到本族的渊源,佤族人会热情地邀你喝起水酒(一种清凉饮料),然后滔滔不绝地讲起"司岗里"的传说。佤族分布在澜沧江和萨尔温江之间的怒山山脉南段地带,自称"阿佤",是周秦时期"百濮"的一支,又有"嘎刺""哈瓦""卡佤"等不同称呼,意为"住在山上的人",属山地民族。

佤族所居之地山峦重叠,平坝极少,被称为阿佤山。阿佤山区气候湿热,因此佤族村寨多建在山腰或小山巅,最常见的民居则是竹楼。他们以稻作农耕为主要生产方式,平时以稻谷和玉米为主食,喜饮酒与嚼槟榔,嚼槟榔使许多人染成黑齿赤唇,并以此为美。

佤族的传统节庆活动多与农耕生产相关——二月播种节祈盼丰收,七八月间新米节庆稻米收获,十一月新水节感谢风调雨顺。佤族信仰万物有灵的原始宗教,少数人信仰佛教或基督教,因此祭祀活动在宗教仪式中占有非常重要的地位,如为供养"神""鬼""灵魂"和祖先的佤族镖牛和牛头祭祀,但只在大喜之日举行,平时不宰杀生牛。

红、黑是佤族人崇拜的颜色,服饰多以黑色为质、红色为饰。男子喜欢在身上文上各种图案;女子戴银箍、大耳筒、宽手镯,腰系红布宽腰带和细藤圈,并留着长发,跳起"甩发舞"时长发飘然。除甩发舞外,打歌、木鼓舞、舂碓舞等民间舞蹈艺术,也是佤族人生活中不可缺少的娱乐。

德昂族

德昂族,有可能是保山一带最名副其实的土著民族。其来源与濮人有关,最早居住在怒江两岸,先后臣服于汉、晋王朝及南诏、大理国,也曾在12—15世纪建立过雄霸滇西的金齿国。

德昂族现大多分散居住在保山、梁河、龙陵等地坝子边沿的半山地带,自古以来未曾有大规模、长时期的集中聚居,一直跟汉、傣、景颇、佤等民族杂居。虽有自己的语言,但宗教信仰(德昂族主要信仰小乘佛教)、生活习俗等受其他民族的影响极深,尤以傣族为甚,比如德昂族也有类似傣族的开门节、关门节、泼水节等节日。由于气候湿热,德昂族和傣族一样,也居住在干栏式竹楼,屋顶冠盖式,酷似古代中原地区儒生的巾帽。

佤族妇女用腰织机织布,零件简易但织法灵活,还可随身携带。

保山潞江坝干农活的德昂族少女，其腰部缠有藤篾编就的腰箍。

德昂人素有"古老茶农"之称，种茶、喝茶的传统由来已久，并且融入生活之中，成为礼尚往来、托媒求婚、泯解怨仇的重要手信。此外，他们还喜吃酸性食物，如酸腌菜、酸笋、酸干菜、酸水、酸豆豉等。服饰以蓝、黑、青为主色，配以各种色彩的饰品，如头巾、绒球、纽扣之类。有趣的是，男性青年也和女性青年一样，喜欢佩戴银项圈、耳筒、耳坠等首饰。女子成年后，还要在腰部佩上用藤篾编就的腰箍，从几个到数十个不等，为唐代茫人部落"藤篾缠腰"习俗的延续。

阿昌族

以葫芦箫对歌传情示爱而闻名的阿昌族，其祖先本为青海、甘肃地区的氏羌人部落。因汉朝战乱等原因逐步南迁，一部分停留在金沙江、澜沧江和怒江流域一带的坝区，后来受到压迫又有一部分被迫迁移，其中一支沿大理云龙、保山腾冲一带南下，最后在梁河坝子安定下来，与当地的汉、傣等民族交错杂居，梁河与相邻的陇川因此成为中国阿昌族分布最为集中的地区。

在迁徙的过程中，通过不断融合以及对环境的适应，阿昌族由一个骑马射猎的民族最终演化为善于种植水稻和打造刀具的民族。阿昌族日食三餐，以米饭为主食，肉食主要来源于饲养的猪和黄牛。阿昌族过去普遍信仰小乘佛教，在梁河、潞西一带的阿昌族主要奉行鬼神崇拜和祖先崇拜，节日活动大多跟宗教信仰有关，习俗跟附近其他民族相似，如泼水节、关门节，喜欢大象和象脚鼓等。

阿昌男女均穿对襟上衣，男穿宽脚长裤。已婚妇女穿筒裙，用青布包头；未婚妇女穿长裤，盘辫。由于地理隔绝和环境差异，梁河地区的阿昌族人与其他地区的同族人略有差别，"挂膀""剪花衣""屋摆"和"独其萨莱"只见于梁河阿昌女子。此外，长篇诗体创世神话《遮帕麻和遮咪麻》也只在梁河阿昌族村寨范围内流传。

阿昌族妇女的服饰有婚否之别：未婚者着长裤，戴黑色包头；已婚者穿筒裙，戴高包头。

"本人"

"本人"是一个特殊族群的他称，并非传统意义上的少数民族，而是分属于汉、彝、佤、布朗等10多个民族，有10万余人。他们身材高大，相貌特征较当地人鲜明。在本区，"本人"主要分布在施甸，并向隆阳、腾冲、龙陵、昌宁等地辐射。

外界对"本人"的族系归属问题持有较大争议。有学者认为"本人"属于布朗族的一支，因为他们的服饰、习俗、语言、宗教等方面与布朗族有一定的相似性，但也有可能是"本人"在与其他民族杂居的漫长过程中被同化的缘故。在"本人"内部，尽管拥有李、蒋和杨等汉姓，但他们一直都坚持认为自己是契丹后裔。他们的先祖随蒙古军东征西讨，散落于各地。据记载，元朝时确实有一批融入蒙古军队的契丹将士驻兵云南。

"本人"以契丹人为先祖，并非毫无根据。在施甸、昌宁分别立有一块"本人"墓碑，上面所刻碑文均传达出"本人"为契丹后裔的信息，其中一块还刻有两个契丹小字（契丹文包括契丹小字和契丹大字，前者为拼音文字，后者为意音文字）。另外，位于施甸由旺乡木瓜榔村的蒋氏"本人"祠堂里还刻有一副对联："耶律庭前千树绿，莽蒋祠内一堂春"，而"耶律"正是契丹人的第一大姓。蒙古族研究专家还发现326个"本人"的语词中竟有100多个属于阿尔泰语系，与达斡尔族语言之间确实存在着某种联系，从而推测云南"本人"源出于契丹人。值得注意的是，"本人"至今仍保留部分契丹文化习俗，如零星契丹字和遗留在"本话"中的阿尔泰语系成分，以及未改姓之前的"阿莽蒋""阿莽杨""阿莽李"等具有契丹特点的姓氏。

施甸向阳的"本人"墓（图左后方），为保山重点文物保护单位。

通过DNA测定，专家发现"本人"与嫩江流域的达斡尔族具有很高的同源度，即有最近的遗传关系，而达斡尔族无论在血缘上还是在文化上，都与契丹渊源极深，因此"本人"很可能就是驻兵云南的契丹将士后裔。

"弯楼子"

腾冲和顺地处西南丝绸之路的要冲，是一座拥有600多年历史的著名侨乡。许多华侨在外出人头地后，便回到家乡建起中西合璧古典建筑群。其中，"弯楼子"就是最具代表性的建筑之一。

这座建筑面积为952平方米，白墙黑瓦，飞檐翘角，房屋总体格局为三进三坊一照壁。三座庭院的堂屋门头上，分别悬挂一块匾额："齐眉笃祜""实靖我邦""见义勇为"。室内陈列有古董、床、桌椅、器皿等名贵之物，还有英国的钢窗、美国的面包炉、德国的洗衣盆等舶来品，与传统的木质门窗交相辉映，俨然一座典型的中西合璧院落。由于紧挨村路，楼房建筑时只能沿巷道的曲线修砌，未能像其他宅子那样建筑方正，而是成弧形布局，当地人就用"弯楼子"来代称这座建筑，并与其他两处大宅合称为"东董西董弯楼子"，现为民居博物馆。

"弯楼子"不光是建筑，也指代著名的"永茂和"商号主人——李氏家族。李氏家族是和顺乃至腾冲华侨经商致富的代表，发迹后回乡，按照传统中原民居风格，结合

和顺古镇的建筑,以汉文化为主体,又融合了东南亚、西洋等诸多文化因素,是云南边地文化的一道美丽缩影。图为镇内的"弯楼子"(图①)、李氏宗祠(图②)和洗衣亭(图③)。村民至今仍习惯到洗衣亭下浣衣洗菜,可见民风古朴。

西方建筑特色,便修建了"弯楼子"。

洗衣亭

沿着腾冲和顺的小河走,可发现每隔一段脚程就有一座小亭立在水中。亭上有飞檐式的青瓦顶,宽大的亭盖被几根巨大的楸木梁柱撑着,亭下铺着光滑的石板、石沟、石栏,具有明显的明清风格。初看与其他依水而建的亭榭没什么两样,再看就会发现它下面往往是中空的,只有一些井状的石条可供行走。这是当地男人专门为女人修建的洗衣亭,修建时间为清道光年间。

洗衣亭的修建与当地"走夷方"的习俗密切相关。和顺男子历来就有"走夷方"挣钱养家的习俗,许多青年男子刚刚结婚就离开妻子,远走缅甸谋生。"走夷方"道路艰险,吉凶未卜。当中有人挣钱回来,也有人客死他乡或者在国外重立家室不再回来,但是女方始终一边默默地操持家中大小事务,一边守望丈夫的归来,日子过得凄苦,故有"有女莫嫁和顺乡,才是新娘又成媚。异国黄土埋骨肉,家中巷口立牌坊"的说法。受这种氛围的影响,那些挣了钱返乡的男人为表心意，于是相邀凑份，在村口附近建起这些洗衣亭，供妇女浣衣洗物、歇息纳凉。

"大家鬼"·"小家鬼"·"灵"

过去由于生产落后，在强大的自然力量下，阿昌族人认为万物皆有灵，因而对鬼神有特殊的崇拜。他们认为神跟鬼没有实质的区别，只有善恶之分，善鬼能替人消灾解难，带来财富和幸福，恶鬼则致人疾病、祸害人间，因此必须酬谢善鬼和讨好恶鬼才能得到保佑。同时，他们认为祖先的魂魄也有善恶之分，并且有3个魂：一个魂留在家里，一个魂送上坟，一个魂送到父母处。祖先的鬼魂通常会保佑子孙后代，但在特定情况下也会回来"咬人"。因此，梁河地区历来就有祭祀"家鬼"和"灵"的习俗。

"家鬼"又分为"大家鬼"和"小家鬼"。"大家鬼"，阿昌语中叫"阿靠玛"，即远祖鬼，他们的亡魂会一起回来"咬人"，或者其中一个亡魂经常回来"咬人"。"小家鬼"，阿昌语叫"阿靠炸"，即近祖鬼，其亡魂偶尔也会回来"咬人"。因此在阿昌族中，祭祀祖先是一项隆重的仪式，在不同时间分别祭祀祖先的3个

魂，便产生了"清明会"和"烧包会"。

"灵"就是出嫁姑娘死后的鬼魂。阿昌族人认为，如果嫁出去的姑娘生前在娘家受过罪，死后其鬼魂就会回娘家"咬人"。相比"大家鬼"和"小家鬼"，阿昌族人对"灵"的祭祀仪式比较复杂：妇女死后，阿昌族人要将其生前衣物放在堂屋左角木凳上并焚香献饭，出殡后的第二天由前来奔丧的娘家人背回去，俗称"背魂"。所谓的"魂"，就是用纸和竹仿照死者生前的形象制作一个纸裱人，家人再发送一次。7天后将纸裱人焚化，由死者的后代将死者生前衣物背回婆家。

烧白柴

小乘佛教是本区傣、阿昌、布朗、德昂等民族共同信仰的宗教，受此影响，不同民族之间有许多相同的宗教节日，"烧白柴"就是其中之一。这个节日举行的时间在各族之间又略有不同，阿昌族、布朗族、德昂族都在农历十二月，傣族则在农历正月十五。这些时间正值寒冷的冬季，人们祈祷佛祖能驱走严寒，增加温暖。

这个节日一般持续几天，各民族过节的程序大体相同：

信徒提前上山砍来白柴，即树皮被剥去、表层白色的树木。过节那天垒成一座高4—7米的宝塔，顶层放一些易燃物，塔中悬挂鞭炮。夜晚时分，伴随着诵经声，在众人的簇拥下，佛像被"请"到塔前。随后僧侣念诵佛经，赞颂佛祖伟大至上，向佛祖乞求保佑，赐福于民。然后由一位长老点燃易燃物及鞭炮，直到柴塔燃尽化为灰烬。将佛像抬回寺院后，众人才渐渐散去。第二天佛爷将炭灰收入土罐中，放在神坛供奉。这天晚上傣族人家还要准备糯米饭稀饭，作为供品送到佛寺。德昂族则在过节当天热热闹闹地全寨共聚一餐，各家互赠各色糯米糕点，新婚夫妻带上加糖的年糕，告拜本寨头人和长辈。

端阳赶花街

在保山地区，赶花街是集花、药、鸟、虫等当地土特产于一体的民间传统自由贸易活动，也是当地的重要民俗之一。由于赶花街的时间在端午，正是百花争艳的时节，此时农事悠闲，人们有精力打理花木，故能形成此俗。以保山城的赶花街和腾冲赶花街最著名。

保山一带气候温和，雨量

充沛，土地肥沃平坦，山川秀丽，高黎贡山上奇花异草争鲜斗艳，汉晋时期即有人从山上移植野花野草下山栽培，为端阳花街的形成提供了自然优势。它萌芽于明朝，当时众多外省移民迁入，尤其是来自江南的移民，带来先进的园艺技术，花木栽培、培植盆景逐渐成为寻常事物。

保山赶花街的习俗据说与当地的著名学者张志淳有关。相传在嘉靖初年，他告老还乡后，在永昌城（今保山地区）的自家宅第内建起花园，并于端午节那天将园内的各种花木盆景抬到宅外的上巷街沿街摆放，供人欣赏，一些有条件的人家遂群起效仿，吸引了城里城外居民赏花的热情。久而久之，人们就把端午节当天的观花、赏花活动当作一种时尚，于是便形成"赶花街"的习俗，永昌城内最热闹的上、下巷街则被称为赶花街。1861年保山汉回相争期间导致几万人死亡，瘟疫弥漫全城，赶花街一度改称赶药街，至1900年才又改称赶花街。

至于腾冲的赶花街，最初只是与花木品种的交流有关，后逐渐形成以端阳节为交易日期的花街。每逢端阳街，腾冲城内张灯结彩，充满节日气氛，花街上市的著名品种有茶花、杜鹃、玉兰、缅桂、倒栽竹和多个品种的名贵兰花，还有根雕、盆景和鸟笼的制作等。

祭神树　由于本区少数民族众多，宗教信仰亦各不相同。除了神灵、祖先信仰之外，这里还有植物崇拜，最有代表性的便是傣族的神树祭祀。祭祀的时候，人们会在树下摆放水果、熟鸡、米饭、酒水等祭品。所祭祀的树木被当地人称为"大青树"。傣族家园的象征物多与树木相关，有"五树六花"之说，五树中就包括大青树在内，显然与傣族人的信佛传统及当地的自然环境有关。这种植物崇拜在西双版纳地区尤为常见，本区则多见于隆阳以及腾冲等地的傣族聚居地。

"拉干爹"

保山地区山高坝小，自古以来地广人稀、社会生产落后、缺医少药，生存艰难，因此当地人很早就形成了彼此互相帮助的习惯，并产生了"拉干爹"这种交谊结友方式来增强相互间的关系。

"拉干爹"流行的地区，集中在隆阳北部的瓦窑、瓦马、瓦房等乡，一般是在孩子能大跑大走时进行。"拉干爹"的方式则有数种。较正规的，则是由孩子父母看中其他村寨的相识之人，向其表明心愿，待对方同意，即择日杀鸡煮肉、邀亲唤友，进行"寄名"手续，孩子从此改姓换名，"过继"给干爹，企图以此化解孩子"命中"的小灾小难；除此外，还有一种随机性较大的"拉干爹"方式：大年初二至元宵节期间（通常在双日子），孩子的父亲带上公鸡、腊肉等食物早早在村外小桥狭道等行人必经之处横拉一根细细的白线，然后埋伏旁边。看到有谁绊断了白线即刻出去"认亲"，对方也都悉从天意，认了新"亲家"。根据对方的年龄及婚否，孩子相应地将其唤作"干爹""干妈""干哥""干姐""干弟""干妹"等。如果

除了拥有丰富的少数民族节日外，腾冲每年还会举行热闹的法会活动，届时寺庙外插上旗幡，参加法会的村民都要在胸前、背后缠上一条红布，三五成群围在一起聚餐，以求平安、吉利。

不巧白线被牛马羊狗等家畜绊断时，就由主人代行其事，但孩子的名字必须取那个动物的称谓叫马儿、狗儿。

在腾冲的一些山区，还存在着拉大树做干爹的做法。因为孩子的父母相信，古树参天，根深叶茂，福荫极广，一旦拜作"干爹"，就能保佑娃娃无病无灾，长命百岁。认树为干爹后，孩子还得取有枝有叶的名字，比如树茂、树荣、树寿等。据说，小西的雷打树、打苴的大橡树、和顺的"双杉"、马站的鹅毛树、界头的"银杏王"，都是众多孩子的"干爹"。

哀牢犁耙会

每到正月十四、十五两天，隆阳河图的哀牢山上就会人头攒动，保山坝及周边的村民纷纷赶过来参加一年一度的哀牢犁耙会。庙会期间，村民们按照各自的需要，买卖簸箕、笊篱、犁杖、锄把、镰刀、火钳、皮索、木藤等各种农业生产工具，并进行捕鱼、耕地、剥玉米、卷松毛、射箭、登山、挑重、抓山鸡、唱山歌等"农味"十足的竞技比赛，还能尝试各种特色小吃，堪称"农民的狂欢节"。

河图地处保山坝东部，土壤肥沃，气候温和，是哀牢古国生产技术发达的地方。当地人很早就掌握了青铜冶炼的技术，犁耙会的前身正是哀牢人祭祀"哀牢国大官"的大官庙会。为了提高农业生产水平，哀牢国在庙堂附近兴建集市，号召全国百姓每年正月十五前来交易犁耙等农具，交流制作和农耕技术，久而久之就发展为保山坝子及周围村寨农家人最喜欢"赶"的一个特殊街子。从这个意义上说，犁耙会是见证哀牢古国农耕文明繁荣的节日。

荠菜会

隆阳北部瓦窑的道人山物产丰富，每年的火把节前后，接近山顶的地方就会长满味道鲜美的野荠菜。关于野荠菜的由来，当地有一个传说：相传很久以前，一位道人带领徒弟来到道人山顶青峰寺修炼。某日，道人即将得道成仙，但又担心自己走后徒弟的衣食无着落，于是临行前向山中撒了一把种子，苤菜瞬间长满整座道人山。这就是野苤菜的来源，附近的居民还称之为"仙菜"，可见野苤菜在他们心目中的神圣地位。当地人吃野苤菜的历史已有几百年，甚至衍生出独具特色的节庆活动——"苤菜会"。

每年农历六月二十五晚上，便是苤菜会举行的时间，有时还会一直延续到中秋节，备受未婚青年的喜爱。活动举行当晚，山下方圆数十里村寨的青年男女事先预备好充足的粮食，并带上竹篮和火把，满怀期待地爬上道人山。到了山上，各族青年男女一边采苤菜花骨朵，一边对山歌，以歌传情，情到浓时便产生了男女之间的爱慕之情，于是成就了一对对"苤菜花夫妻"。

阿露窝乐节

梁河阿昌族人认为，天公"遮帕麻"和地母"遮咪麻"是创世始祖，他们创造了天地万物，并教会族人从事生产和生活，把危害人间的恶魔腊訇毒死并碎尸万段，以后仍在天空日夜守护着人们。于是，天公地母便成了人们尊奉的对象，每年初春和桑建花开的时候，阿昌族人

舞狮是阿昌族阿露窝乐节中的重要仪式之一。

都会举行"阿露节""窝罗（乐）节"以示庆祝，后来两节合二为一成为"阿露窝乐"，现在节日统一在3月20日举行。

过节时，阿昌族人要从山上选一棵标直栗树作为神树，举行祭祀后砍下来，然后用绳子拖到寨中的祭祀场竖立起来，并起建祭台。大活袍（巫师）在祭坛上诵经传唱天公地母的创世史诗和歌颂他们的恩德，还要杀鸡祭神。接着舞狮舞象，向创世始祖致敬并祈望丰收太平。之后，盛装打扮的阿昌族人用鲜花绿叶互相洒清水，围着神座唱则勒歌、跳阿露窝乐舞。舞场中必有一套箭指苍天的弓箭、假太阳，象征遮帕麻射落腊訇，以及寓意吉祥如意的青龙和白象。

阿露窝乐节并不是每家或者某个村寨单独庆祝的节日，而是在阿昌族村寨间轮流举行。每年过节，附近村寨的

族人都会翻山越岭，兴高采烈地涌向承办村寨的舞场共度佳节，欢庆的队伍也会到各村寨去表示祝贺，整个节日可持续几天以至半月。其间阿昌姑娘会展示自己的美丽和聪明智慧，而男青年则可以追求心爱的伴侣。

浇花节

德昂语中，浇花节称为"散根"，是德昂族最有标志性的传统节日。德昂族人信佛（小乘佛教），每年清明节后的第七天，梁河的勐来村"二古城"、勐宋村"白露头"以及其他的德昂族村寨的族人都会盛装打扮，进行为期3天的浇花节来纪念佛陀的诞生、成道、涅槃。在这3天里，人们击起水鼓、跳起水鼓舞，去寺院聆听佛爷诵经、去临时搭建的奘房浴佛——这是节日的高潮。人们在打扫干净、摆满鲜

花和祭品的奘房里朗诵佛经，并由男人用清水把"请"过来的佛像浇得一尘不染。

浇花节也是德昂族人欢度新年的典礼，除了能穿上新衣、品尝各种美食、参加歌舞表演、泼水嬉戏等，德昂人还会祭拜天地和念经祈求风调雨顺，互祝来年的和睦、吉祥，并由德高望重的长者手持鲜花，蘸上清水把新年的祝福洒向周围的人群。同时人们还要总结去年的过错得失，晚辈要为长辈打水洗手洗脚。此外，浇花节也是男女青年寻找心上人的好时机，小伙子在节前会编织好精美的竹篮，并悄悄地送到心上人家中，过节期间姑娘们会背上心仪的男子送的竹篮，等待他来辨认。两两相认后，便互相尽情地泼水、嬉戏，以表达自己喜悦的心情。因此，浇花节也叫泼水节。

彝族酸猪肝

养猪业在保山畜牧业中占有十分重要的地位，彝族是世居保山的少数民族之一，山居环境使他们饲养猪、牛、羊等五畜十分方便。因居住环境湿热较重，彝族人口味多喜酸，如酸菜、酸茶等，其中酸猪肝是彝族人经常食用的一道菜。

酸猪肝是以猪肝为主料，配上杨梅水、草果、花椒、茴香粉、精盐、油辣椒等10多种加工好的佐料，味道鲜美，且可增进食欲，还能祛湿化积，又极耐贮存。酸猪肝很好地体现了彝族人的饮食习惯——逢年过节，酸猪肝不仅是彝族人家里待客佐酒痛饮的佳肴，还是一种上好的解酒药。

帕哈煮螺蛳

螺蛳是中国特有的田螺科动物，云南的一些湖泊河流中多有分布。每年夏秋时节，梁河地区炎热多雨，河水丰盈，也是螺蛳生长最为旺盛的季节。此时螺蛳壳薄肉厚，肉质嫩滑、甘美、爽脆，并且极易吮吸离壳，当地的傣族人就从河湖中捕捞螺蛳，用清水养净泥垢，然后伴以油、蒜，以及山中阴湿处的一种小灌木——帕哈的叶尖等炒煮，做成独具风味的帕哈煮螺蛳。

梁河傣族人捕食螺蛳已经有数百年的历史，当地气候湿热，容易产生水肿、淋浊、痢疾、目赤翳障、肿毒等症状，而螺蛳性寒、祛湿，加以叶绿素含量极为丰富的帕哈叶尖做成的帕哈煮螺蛳不仅美味可口，而且消炎解毒，起到明目及防治夜盲症的作用，是傣族人雨季时改善体质十分常用的食物。

年猪饭 主要流行于施甸姚关、摆榔、木老元、甸阳等乡镇的布朗族村寨。每年过年前后，各家就开始忙着宰杀养了一年的大肥猪，遍邀亲朋吃上一顿年猪饭。筵席中的菜肴以猪的各个部位作为主料，其中酸腌菜拌生肉是其中必不可少的一道菜。"年猪饭"最早源于姚关布朗族猎人的祭祀活动——猎人们往往使用猎物身上最好的肉去供奉山神，祈求上天保佑其能多捕获猎物。这一习俗演变到后来，最终形成"年猪饭"这一当地不可缺少的饮食文化。

傣戏

傣戏产生于盈江，清光绪时传入保山地区，是在"喊班涛""冒少对唱""少散朗""布腾拉""十二马"等傣族歌舞表演及佛经讲唱基础上逐步成型的，后来又吸收滇剧、皮影戏的艺术成分，才形成比较完整的戏曲形式。傣戏在梁河、隆阳、龙陵、腾冲的傣族村寨广为流传，傣家里有"有摆（节日）要演戏，无戏不成摆"一说。

傣戏唱曲是在傣族民歌、民间歌舞和宗教叙事歌曲基础上形成的。开始时曲调单一，一个曲调贯穿全剧，后来发展形成"喊混"（男腔）和"喊朗"（女腔）两个基本腔调。戏剧的内容大多从傣族人民生产劳动和生活习俗提炼出来，也有历史传奇的内容，短小精悍，主要剧目有《阿銮相勐》《朗画贴》《婚期》《大破天门阵》等。戏中的配乐多由象脚鼓、砟锣、钹、大锣、大钹、堂鼓、碗锣等打击乐器完成，具有浓郁的傣族特色，风格阴柔、典雅，极富人情风采。表演以唱为主，没有念白，伴之以喜、怒、哀、乐等不同表情，表演动作和表演程式都比较简单，表演的舞蹈以本民族的舞蹈为基础，吸收了汉族戏曲的表演技巧。

腾冲皮影戏

皮影戏诞生于西汉时期，是中国出现最早的戏剧之一。它是以兽皮为原料，经过剪裁、着色的"靠子"的影子，利用灯光投射将其反映在银幕上进行表演的艺术形式。腾冲当地人又把皮影戏叫作"灯影子""皮人戏"。"靠子"以牛皮制作，因图像较大，又被称为"大皮影"。配合皮影戏表演的音乐，其唱腔可分为男腔、女腔、走马腔、碱云腔、悲板等多种形式，剧目题材丰富，多取材于传奇、演义以及民间故事。较早的以皮影戏为业的艺人是固东甸苴的张老阔和李老白戏班，现在腾冲本地的皮影戏艺人都是他们的继承者。

据说腾冲皮影戏起于明朝初期，内地移民落户于此，并把这种戏剧文化传播过来，有据可查的历史则有200多年。初时皮影戏集中在腾冲西北部，后来东南部的村民前去投师学艺，才形成两大皮影戏集中区。由于地域和语音环境的不同，腾冲皮影戏很快就"花开两朵"，形成"东腔""西腔"两个表演风格各具特色的流派。身为"始祖"的西腔分布在固东、明光、瑞滇一带，灵动机巧，图像小巧精美，操作灵活，音乐紧凑轻快，乡土风情深厚；东腔则古朴大方，图像更加高大、明晰，旋律优雅和缓并吸收了腾冲洞经音乐成分，显得更加庄重，分布于洞山、勐连一带。

腾冲皮影"东腔"以图像高大、风格庄重而著称。

佤族清戏

佤族清戏是中国唯一的佤族戏种，也是佤寨居民自行组织的娱乐活动，没有职业戏班，至今仍保留着它传入时的原生态形态。它源于安徽的青阳腔，同治年间由腾冲荷花甘蔗寨佤族头人李如楷引入。他积极倡导扶持这一戏种，还专门请艺人来传艺，并自行收集、整理剧本，使清戏在以甘蔗寨为中心的数十个村寨流行起来。清戏在甘蔗寨生根后，与当地的春社灯火习俗相互融合，形成春节正月初一到正月十六以甘蔗寨为中心、辐射周围其他村寨的清戏"嘉年华"。

清戏的表演，音乐以清唱为主，很少有伴奏。声腔有"九腔十三板"，演唱时腔板穿插变换、抑扬顿挫、悦耳动听。表演形式简单，角色虽分生、旦、末、丑，但在化妆、服饰上无太大讲究，能显示人物身份即可。人物上场通常先念引子或念诗，然后再唱或道白，没有复杂的身段。由于具有"顺口可歌""错用乡语"的特点，演出形式多变，既善叙事，又极抒情，具有很强的表现力。

洞经古乐

象征着高尚、吉祥的洞经音乐，是腾冲流传最为久远的曲种之一。一般认为，它产于南宋时的四川梓潼地区，最初为道

本区民间艺术百花齐放，既有少数民族珍贵剧种，又有从中原传过来的宗教经乐。图为傣戏乐器、佤族清戏乐器（上图）和洞经古乐表演场景（下图）。

永昌铙舞风格粗犷，舞者动作灵活多变。

教法事活动的宗教音乐，用于谈演诵唱《玉清无极总真文昌大洞仙经》等道家经籍，后来又吸收了佛教音乐、儒家音乐、宫廷音乐、民间音乐等的艺术元素。明朝时洞经音乐传入大理，此后又由大理传至云南各地，传到腾冲后又融合了本地少数民族的一些艺术特色，流传至今。

腾冲各地洞经音乐的演奏大同小异，以诵唱经典为主导、唱奏结合，遵循一定的宗教仪式，音乐以中国传统的丝弦、管弦、吹奏、弹拨、打击等乐器相结合，庄重肃穆、文雅古朴。目前共有40多支曲牌，多来源于唐宋词牌、元曲、明清时调小令，个别是道乐曲牌。

早期，洞经音乐一直是祭拜文昌帝君、关圣人、孔圣人等庄重场合的庙堂音乐，参与者都是些文人雅士，历来属男性专有，传入腾冲后，因民间诸多祭祀而遍及各乡镇，甚至连女性都能参与其中。清末民初建筑庙堂、宗教社团风行时，几乎每个乡村都曾有洞经组织活动。到了20世纪50年代以后，洞经音乐曾一度受到排斥，甚至因历史原因遭到取缔，直到80年代才得到逐渐恢复。目前腾越、洞山、绐罗、和顺、界头、碗窑、刘家寨等地都有洞经会及腾冲洞经乐团在活动。

永昌铙舞

约在明清时期，铙舞开始在永昌流行，彝族人叫作"大铙聚自得"。它原是流传于保山瓦房、芒宽等彝族聚居区的一种祭祀礼俗，目前在其他地方多已灭绝，而隆阳瓦房的徐掌、四棵树、白龙井、梅兰山、杨柳坝等彝寨由于地理闭塞，得以流传下来。

铙舞是山寨人的娱乐方式之一，无论红白喜事，此舞不可或缺。表演时伴随着铙音的节拍，唢呐、大铙、小铙、大鼓、小鼓等齐声应和，众人且敲且舞，轮番上阵，直至精疲力竭方肯罢休。铙舞变化多端，击铙的方式和舞者的步法形式多样，并有长板、纱帽顶、串花、苍蝇搓脚、拳打等套路，兴致高昂时还表演出一些高难度的武术动作。表演永昌铙舞时，大铙领舞者居中主跳，小钹伴演者环绕其周围。参加的人数多时，还可以摆出"大钹阵""大钹王图""牛头阵"等阵式，尽显阳刚气息。在正式场合，舞者们还会戴上孙悟空、唐僧、八戒、沙僧等神话人物面具。不过，参与钹舞的，只能是男性，女性讳跳。

"格楞当"·"嘎格楞当"

"格楞当"是一种古老而独特的水鼓，因使用时需从鼓身中间注入一定的水或酒而得名。它流行于隆阳潞江坝的德昂族之中，这个民族诞生过不少民间歌手，他们十分擅长使用包括"格楞当"在内的许多民间乐器。

"格楞当"呈上大下小的圆台形，鼓身将整段圆木掏空后蒙以牛皮制成，可大可小，大者需两人抬着让另一人敲，小者一个人就可以挎着敲打。这种乐器古时曾流行于云南各民族，但现在仅见于保山、德宏一带的德昂族。每逢节庆祭祀、迎宾酬客，德昂族人就会敲起"格楞当"，水鼓由于受水润泽，敲打时会产生"湿音"，声音响亮而独特。敲鼓的同时，敲鼓者还会跳水鼓舞，即"嘎格楞当"。持鼓者敲起水鼓时，大钹、大链等乐器的声音呼应而起，彼此协作、变幻多端。在场的人都踩着鼓点起舞，舞步以"单脚提步绕"为主，并夹杂一些对跳和原地转圈的动作。庄重、热烈的舞蹈伴随着深沉、浑厚的鼓声，为喜庆活动增添了浓郁的节日气氛。

荷花乡农民画

农民画与剪纸、泥人、皮影、窗花、版画、年画等民间艺术一脉相承，产生于农民对生产和生活环境的理解和记录。腾冲西南部腾冲荷花的傈僳族、傣族、佤族等少数民族很早就产生了自己独特的绘画

易罗池 位于隆阳西南黄龙山下，传为哀牢人始祖沙壹祖母与龙接触而受孕生育九隆（哀牢的开国君主）兄弟的地方。池水面积1.82万平方米，水深3—4米。池中有9个泉孔补水，如九龙喷泉，故又名九龙池。池中和池西侧分别建有湖心亭、文笔塔。池区的池、亭、塔与保山古城"七十二条街，八十一条巷子"的布局被合称为"文房四宝"。

艺术，20世纪70年代吸收了云南重彩画、版画等长处后，才开始普及起来。由于作画者皆为农民，因此被称为农民画。

画作题材纯朴，多以山川风貌、历史胜迹、风俗风情为主，并把人们追求美好生活、丰收的喜悦以及对幸福和未来的理解和追求都体现到画中。因创作主体是少数民族，作品具有浓厚的民族特色，又以羡多村的傣族农民画最为出色，多年下来产生了《泼水节》《美女节》《穿牛鼻》《傣家织锦》《闹仙灯》等一大批优秀作品。现在通过对外交流，荷花农民画手法向多元化方向发展，原来一些经验丰富的人还把这种艺术形式应用到玉雕制作中。

"九隆神话"

九隆神话流传于保山地区傣、佤、彝、布朗、德昂、景颇等少数民族村寨中，这些民族的族源同一，皆为古哀牢夷，而"九隆神话"正是哀牢夷最重要的族群传说。相传他们的始祖"沙壹祖母"住在哀牢山（古永昌地区）下，以捕鱼为生，一次在水中捕鱼时接触了沉木（实为东海龙王）而怀孕生下了10个儿子，后来龙王出水要与孩子相认，结果其中的9个儿子都被吓得夺路而逃，唯有最小的一个留下来，并坐在龙背上与它亲呢。因为在沙壹的语言里称"背"为"九"，称"坐"为"隆"，于是孩子就被称为"九隆"。九隆长大后，文武双全，能力超出兄长极多，被推举为王。同时，九隆兄弟娶了哀牢山下一对夫妇所生的10个女儿，使哀牢人不断壮大。

虽然这是一个神话，但也间接体现了本区土著居民在古代时的生活环境和状况。沙壹"触木而生九隆兄弟"的记载反映了上古时代普遍流行的"圣人皆无父，感天而生"的原始观念，但与一般的"感天而生"不同，沙壹的10个儿子娶了十女，这就确立了相对稳定的家庭关系，表明此时的本区已经开始进入由母系向父系过渡及幼子继承的发展阶段。而神话中"沉木化龙"的典故又与当时中原主流文化中对龙的崇拜不谋而合，因为龙主雨水，而雨水是古代农业的命脉，所以尽管哀牢夷部落散布在溪谷之中，并且主要以打鱼为生，但是龙图腾的出现至少可以说明农耕意识已经在哀牢夷人民中出现。

卧佛寺

保山城北17千米处有一座海拔700多米的云岩山，山中有一个规模宏大的岩溶洞穴，卧佛寺的寺院大殿就在云岩洞口建盖。这座寺庙之所以被称为"卧佛寺"，有一个传说：云岩山内有暗洞直通怒江，有一天江水把堵塞暗洞的巨石冲开汹涌而出，即将把保山坝变成泽国时，一名傣族青年舍身堵住洞口，才使百姓幸免于难，当地的佛教信徒认为这个青年是佛祖化身，遂在溶洞内琢大卧佛供奉，即云岩卧佛，寺因佛名。原佛像已被毁，现存的卧佛是后来雕琢的，整体汉白玉，重达9吨，是中国最大的玉佛。

卧佛寺建筑格局为前后两院三殿，溶洞是主殿，里面塑有释迦牟尼、大势至、观世音、文殊菩萨、普贤菩萨以及十八罗汉，另外还有五百罗汉，都是就着洞内的钟乳石雕塑而成。卧佛寺在唐代就已存在。据史料记载，公元8世纪初，印度沙门七人欲到长安传教，其中高僧些岛在途经保山时，禅心大动，遂在大西山麓建起了这座寺庙，建筑时间是公元716年。它是云南最早的佛教寺庙之一，这得益于保

位于保山的卧佛寺是云南始建最早的佛寺之一，洞内玉佛右手撑头侧卧、左手平置腿上的形态，佛教称之为"醒世像"。岩上还雕有五百罗汉塑像，色彩鲜艳，惟妙惟肖。

据西庄村民传言，猪八戒原型为猪神，后来又与王姓青年联系起来，最终演变为吴承恩笔下的经典人物形象。图为八戒寺庙会（图①），寺内供奉着观音（图②）、子孙娘娘（高翠兰，图③）以及猪八戒（图④）等像。

山西邻佛国，与缅甸、泰国、印度等佛教发祥地相依，又受汉文化影响，因此得佛风甚早，这里也被认为是佛教传入中国内地重要的枢纽中转站。

作为"释迦弥陀在永昌（保山）之圣迹"，卧佛寺尊奉的是大乘佛教，当然，由于这里是各派佛教的交融之地，因此，也不免融合了小乘佛教的文化色彩。自建寺以来，卧佛寺一直香火鼎盛，对信奉小乘佛教

的东南亚各国影响深远，是泰国、缅甸等佛教信众的朝拜圣地。每年正月初八，卧佛寺还会举行盛大的庙会，持续3天。

八戒寺

与中国内地其他佛寺不同的是，这是一座同时供奉观世音与猪八戒的寺庙。它位于隆阳板桥的西山脚下，1811年迁至现在的地址。现存古建筑约有700平方米，修建于清光绪

年间。寺内正殿供奉的是观世音菩萨，侧殿才是泥塑金身的猪八戒像，身穿蓝布衫，头戴僧帽，足穿麻鞋，还扛着九齿钉耙，憨态可掬地"望着"前来烧香上供的香客。寺前有3株古榕树，相传为猪八戒离开时种下，每年都会吐出3种不同颜色的芽苞。

西庄原名高老庄，相传此地是猪八戒为妖时的活动范围。猪八戒施展法术娶得高

小姐,后来受观音点化,拜唐僧为师到西天取经,遂改为西庄。取经归来后,猪八戒变成了净坛使者,于是当地人就在他当年与丈人、妻子惜别的地方修建八戒寺,即西庄寺,专门供奉他。历来人们关于猪八戒这个神话人物的态度褒贬不一,而隆阳竟存在猪八戒被当作偶像来供奉的现象,这在民间实属罕见。

在八戒寺周围,还有很多与猪八戒传说有关的遗迹。如浪坝(原名烂坝)和八戒地,分别是猪八戒当年打飞窝滚泥浆洗澡、与高小姐耕种的地方。寺旁的小河原来叫八戒箐,后来改名为西庄河。为感谢当年收服、点化猪八戒的诸路神仙,当地村民每年从正月到腊月都会举行一系列的庙会,表演弹洞经、耍龙舞狮、锣鼓器乐等民间技艺,寺里也会准备丰盛的斋饭、素食供朝拜者食用。另外,高小姐后来没有再做招配,还修善得道,是当地人公认的子孙娘娘,也被供奉起来。

梨花坞

梨花坞为清代尚书、保山人王宏祚所建,是当地的佛教圣地。相传王宏祚显贵后,经洞庭湖回乡探亲时遇险,得观音相救并在保山城西南新桥村西村的九隆山指点前程,后来官运亨通,成为"永半朝"(当时朝廷设有六部,王宏祚先后当过其中的户部、刑部和兵部尚书,占了三部,故称)。为答谢观音菩萨,王宏祚于1661年在九隆山下建起禅林佛院供奉观音菩萨,并广植梨树。又因地势四面凸起、中间低凹形同船坞,故名梨花坞。后来又经多次重修扩容,形成现在的模样,有对联曰:"清风满怀朗月在抱,万虑皆息一尘不惊。"

梨花坞依山而筑,两边山坡苍松翠柏交相排列,青翠欲滴。其主体建筑是梨坞禅院,由慈云阁、藏经楼、读画楼、醉月楼、养云池、雨花亭、韦驮殿等众多建筑构成。慈云阁是观音佛像的所在,里面还有一幅壁画讲述当年点化王宏祚的传说。阁左侧是玉佛大殿,里面的主要佛像都是用玉石雕塑而

梨花坞依山而建,飞檐递叠,虽为佛教圣地,但颇有贵族园林院落的气韵。

成。坞内还有楼台亭阁众多，颇有江南园林建筑的特点，与梨花杨柳相衬。每年农历二月二十九、六月十九、九月十九的观音会，香客摩肩接踵。

吕凯

吕凯是第一个被列入《三国志·蜀志》人物传的保山人，也是保山本土豪杰之一。三国时，隆阳金鸡是吕不韦后裔的聚居地，吕姓也成了隆阳的豪门大姓，吕凯就出于此。

当时云南为蜀汉疆土，刘备死后，雍闿乘机叛蜀归附东吴，孙权授他"永昌太守"。此时永昌郡太守易人，身为功曹的吕凯及府丞王伉代行其职，得知雍闿叛行后，积极动员防御，并不受雍闿的花言巧语所惑，坚持气节。与此同时，当地少数民族也变得反叛无常，吕凯就在危难之际顽强抵抗，"执忠绝域"。诸葛亮因此对他十分倚重，并于公元225年上奏刘禅，擢任其为新置之云南郡太守，封阳迁亭侯，但不久后吕凯就被治下叛乱者所害。由于其恩威并著，"子孙世为永昌太守"。在守卫永昌的同时，吕凯还不忘民生，积极发展生产，引进先进生产技术，并带领修筑大海子（又称诸葛堰）等水利工程，为当地农民解决了田地灌溉及人畜饮水问题。

作为保山良吏贤臣的代表，保山乃至川滇人都对吕凯十分敬重，金鸡被称为"汉阳迁亭侯云南太守吕季平先生故里"。如今成都、保山武侯祠内均塑吕凯像，吕公祠、季平街（吕凯字季平）、吕公巷、点将台等遗迹、遗址也保存良好。

邓子龙

至16世纪，明朝逐渐中衰，朝廷内君臣矛盾突出，农民起义日多，中国沿海还受倭寇和海盗的侵扰，邓子龙就是在这样的背景下走上历史舞台的。1531年，邓子龙出生于江

姚关街乌龟山西麓的清平洞，属天然石灰岩溶洞。明万历十三年（1585）邓子龙给它取名"清平洞"，寓滇西战乱平息，各族人民安居乐业之意。洞口左边岩石上有邓子龙亲笔题刻的"倚剑"二字。

西丰城，27岁开始戎马生涯，直至阵亡。转战闽、赣、浙等中国沿海地区抗击倭寇，援助朝鲜抵抗日本侵略，人们对其事迹多聚焦于此。实际上，驻守保山地区也是邓子龙的丰功伟绩之一。

邓子龙驻守云南12年，其间缅甸的东吁王朝完成缅甸的统一后为扩张领土多次侵扰中缅边境。1582年冬，通过勾结江西商人，缅甸象军进犯腾冲西南、保山、盈江等地，在1583年春天时推进到施甸，明朝任命刘綎、邓子龙等人率兵分路支援。到达保山后，邓子龙首先巡视阵地了解战况后，选定施甸姚关作为战略指挥中心，火速修筑工事，巩固边防，进行积极的防御，并通过施甸断山、昌宁湾甸、耿马三尖山3次以少胜多、以弱胜强的战斗，大灭缅军的嚣张气焰。之后又与刘綎部队互相配合，迫使缅军献城投降及擒获罪魁祸首岳凤。

邓子龙不仅具有军事才能，在天文、地理、诗词、书法上也有一定造诣。现在隆阳易罗池的湖心亭里还有他当年留下来的题联："百战归来，赢得鬓边白发；千金散尽，只余湖上青山。"另外，邓子龙还著有诗集《横戈集》和兵法《阵法直指》。

杨元

明成化年间，保山人张志淳、万纶等人连名科甲，这在自汉代设郡以来"儒风未播"的边地永昌（今保山地区），可谓开历史之先河。张、万二人的中举，主要归功于他们的老师——杨元（1436—1465），一位才高品端的"布衣乡圣"。

杨元自幼聪颖，勤于学业。他跟从余谷学习，通晓天文地理、四书五经六艺。考取国子监生却无意功名，选择"隐居不仕"。先于保山城内城隍庙办私塾，后又在城南辛街创立乡学。一生所授门生众多，培育了大批人才，为明、清两代保山众多名宦、学人的诞生奠定了教育基础，著名学者方国瑜称其为"开创保山文教新篇章的先贤"。除了兴办教学外，杨元还著有包括《纳甲图九圭数》在内的易理、数学方面的书稿及大量诗文，但均已散佚。

谢世后，众多弟子感念师恩，在墓地附近建象山祠，并撰《杨象山先生祠堂记》。保山人仰慕他的高尚品德，在民间流传着许多他的故事，如《五步桥》《杨象山趣闻》《杨务本的故事》等，有的甚至演化为神话。

杨慎

明嘉靖三年（1524），杨慎因"大礼议"事件被贬至云南永昌"永远充军"。其间虽仍受到朝廷官府的妒恨，却也因此成就了一代著名的博学家，一生创作诗词多达2300多首，杂著100多种，《明史》称其"记诵之博，著作之富"，为明代第一人。

杨慎祖籍江西庐陵，是四川新都人，为内阁首辅杨廷和之子。少年聪慧，自幼就表现出惊人的文学天赋，12岁即拟作《古战场文》《过秦论》，正德六年（1511）考取状元，官至翰林院修撰。谪戍永昌期间，杨慎走遍永昌的山山水水和名胜古迹，所到之处留下不少题壁。这种文人式的游历，使当地得以接受中原文化的熏染。除此之外，杨慎在其他文化领域也有较深的造诣。在金石学方面，他曾深入研究过中国早期石刻方案中记载夏禹治水的"禹碑"、先秦岐阳"石鼓文"和汉晋时代的"古镂碑""吕梁碑""四皓庙碑"等大量碑铭石刻，尤其对金石之冠"禹碑"文字的翻译做出重大贡献。在考证发掘的同时，杨慎还对边地民间文学进行了收集整理，并编撰民间歌谣集

艾思奇故居　位于腾冲和顺水碓村，为砖石楸木结构的四合院，中西合璧风格，占地600多平方米。建筑古雅，有串楼通栏、雕花格扇和西式小阳台。该建筑建于1919年，是艾思奇之父李日垓任云南民政、司法两司司长及矿务督办时所建的新居。1910年2月，艾思奇出生于和顺，两岁随父在外，约10岁时曾回故乡居住了半年左右，现已辟为艾思奇纪念馆。

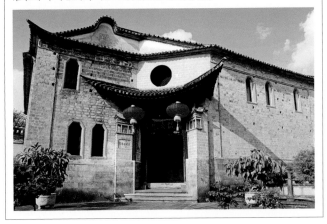

《古今风谣》和民间谚语专集《古今谣》。他采编的《二十一史弹词》（又名《历代史略十段锦词话》）被誉为"史家之别调"，他本人也创作了一部反映他在永昌生活的戏曲剧本——《花记》。此外，他对书法艺术也颇有兴趣。在永昌期间，曾于水寨平坡、卧佛寺、光尊寺等地留下过书法题刻，可惜均已消失。

正是在杨慎的带动下，边地的许多文人杰士得以迅速崛起，其中最有代表性的要数"滇南七子"，即张含、杨士云、李元阳、吴懋、唐锜、王廷表、胡廷禄。可以说，他对保山历史文化的发展做出了首屈一指

的贡献，以至于"迄今三百年，而妇人孺子，无不知有杨状元者"。

腾冲李氏父子

皆为腾冲的有识之士。出自和顺水碓村李氏大宅，为父子三人：李日垓、李生庄和李生萱（笔名艾思奇）。

李日垓堪称文武兼备的"通才"。在北京求学期间结识革命先驱，并接受孙中山的革命理念，加入同盟会。回到云南后积极办学，在滇西、滇南创办了100多所土塾，同时以办学为掩护，发展革命力量。辛亥革命爆发后，与赵又新、朱朝英等人发动临安起义。1915年底，袁世凯复辟封建帝制，李日垓积极参与讨袁护国活动，担任护国军秘书长，并起草了著名的《讨袁檄文》，以掷地有声的言辞和文章而名垂青史，被章太炎称为"滇南一支笔"。此外，他还担任过云南第一殖边督办，在任10年期间组织群众修公路、兴

民国时期，李日垓（左一）在讨袁护国活动中，与不少护国军军官交好，如罗佩金（左二）、蔡锷（左三）、殷承瓛（左四）、李烈钧（左五）等。

水利、开矿产、办教育、勘边界，北洞工程即是他在腾冲主持的利民工程之一。

受李日垓的影响，长子李生庄也走上了革命救国的道路。李生庄主要在云南活动，对革命时期云南的文化、教育、新闻做出了杰出贡献，是"边地新文化的晨曦"。1931年，他在腾冲县城西街灵官庙开办女子中学，为解放妇女而斗争。1935年又在县城玄天宫、东岳庙创办腾越边地简易师范，后来又创办了一所土民小学，广泛招收少数民族学生。在教授学生知识的同时，还不忘宣传革命、爱国思想。1937年全国掀起抗日高潮，先后创办《腾越日报》和《晨曦》，成为腾冲抗日军民的喉舌。

次子艾思奇在腾冲和顺出生，从小随父离家，先后在香港、昆明、南京和日本读书，精通英、日、德等多种外语，读书时期潜心研究哲学。他是中国最早使马克思主义哲学大众化的人，其在《大众哲学》中发表的评论，通过通俗生动的语言向人们介绍马克思主义哲学，并对帝国主义、地主及资产阶级等势力进行有力的批判和斗争，被称为"人民的哲学家"。

李根源

作为中国近现代著名的革命家和学者，李根源绝对无愧于"乡贤典范"的称号。生于腾冲，长于腾冲，李根源在严格的传统教育环境中长大。1904年，25岁的李根源被公派到日本学习陆军，其间加入同盟会，开始了他的革命生涯。1909年归国之后就一直为中国的独立自由奔走，先后参与了"二次革命"、护国运动、护法战争及抗日战争等一系列革命活动，并在1932—1945年期间先后4次为抗日将士建造英雄冢以激励人们的抗日热情。新中国成立时李根源选择留在中国大陆，先后在西南军政委员会委员、全国政协委员等岗位上继续发挥余热，1965年病逝于北京。

李根源不仅是一代名将，同时在军事教育和文化事业领域也做出了不朽的贡献。1909年回国以后，李根源开始参与创办被誉为"西南黄埔"的云南陆军讲武堂。他以"坚忍刻苦"为校训，在向学生们传授他在日本所学到的先进军事技能的同时，以孙中山民主革命思想教育学生，使讲武堂成为"当时中国最进步、最新式"的军事学校，培养了朱德、叶剑英等一大批革命人才。在著述方面，留有《雪生年录》《曲石文录》《曲石诗录》等，而他支持编纂的《永昌府文征》，涉及天文、地理、风物、历史、文化等各个方面，对云南的历史、文化所包含的思想价值进行了探究，具有十分重要的史学价值。

位于腾冲腾越叠水河村的叠园为李根源故居。

主要参考文献

方国瑜:《保山县志稿》,云南民族出版社,2003年。

腾冲县志编纂委员会:《腾冲县志》,中华书局,1995年。

施甸县志编纂委员会:《施甸县志》,新华出版社,1997年。

云南省梁河县志编撰委员会:《梁河县志》,云南人民出版社,1993年。

昌宁县志编纂委员会:《昌宁县志》,德宏民族出版社,1990年。

龙陵县地方志编纂委员会:《龙陵县志》,中华书局,2000年。

中国大百科全书出版社编辑部:《中国大百科全书·中国地理》,中国大百科全书出版社,1993年。

崔乃夫:《中华人民共和国地名大词典》,商务印书馆,2002年。

张立权:《中国山河全书》,青岛出版社,2005年。

谭其骧:《中国历史地图集》八卷本,中国地图出版社,1996年。

李孝聪:《中国区域历史地理》,北京大学出版社,2004年。

尤联元、杨景春:《中国自然地理系列专著·中国地貌》,科学出版社,2013年。

杨荆舟:《云南地质与矿产》,云南人民出版社,1984年。

皇甫岗、姜朝松:《腾冲火山研究》,云南科技出版社,2000年。

腾冲县人民政府:《火山热海·高黎贡山——腾冲》,云南美术出版社,1999年。

何科昭:《滇西陆内裂谷与造山作用》,中国地质大学出版社,1996年。

吕伯西、段建中、谭筱红、钱祥贵、张翼飞:《滇西三江地区新生代陆内变形、岩浆活动和成矿作用》,云南科技出版社,2011年。

国家地震局科技监测局:《滇西地震预报实验研究论文集(1991——1995)》,地震出版社,1996年。

段锦苏等:《滇西地区晚古生代裂谷作用与成矿》,地质出版社,2000年。

李德龙:《云南气候与灾异资料辑要》,学苑出版社,2011年。

程建刚等:《云南重大气候灾害特征和成因分析》,气象出版社,2009年。

云南地震局:《云南地震经典研究文集》,云南科技出版社,2011年。

云南省地方志编纂委员会:《云南省志·卷二十五·温泉志》,云南人民出版社,1999年。

梁乃英:《云南温泉大观》,云南人民出版社,2000年。

应俊生、陈梦玲:《中国植物地理》,上海科学技术出版社,2011年。

云南省科学技术委员会等:《云南生物资源开发战略研究》,云南科技出版社,1990年。

汪建云:《高黎贡山植物研究》,云南大学出版社,2008年。

杨宇明、王娟、王建皓、裴盛基:《云南生物多样性及其保护研究》,科学出版社,2008年。

曾群望等:《云南生物地质环境研究》,云南科技出版社,2001年。

《云南农业地理》编写组:《云南农业地理》,云南人民出版社,1981年。

张兴永:《保山史前考古》,云南科技出版社,1992年。

耿德铭:《哀牢国与哀牢文化》,云南人民出版社,2003年。

云南省民族学会:《云南民族》,人民出版社,2009年。

腾冲县政协文史资料编辑委员会:《腾冲文史资料选辑》,云南人民出版社,2002年。

张文芹:《隆阳区非物质文化遗产保护丛书》,云南美术出版社,2013年。

保山市宗教事务局:《保山市少数民族志》,云南民族出版社,2006年。

保山市文化志编纂委员会:《保山市文化志》,国际文化出版公司,1991年。

蔡红燕:《故园一脉:施甸县布朗族村寨和文化考察》,民族出版社,2008年。

梁河县民族宗教事务局:《阿昌族习俗传说故事》,云南民族出版社,2012年。

彭文位:《李根源故居》,腾冲县李根源故居管理所,1999年。

何科昭、何浩生、蔡红飙:《滇西造山带的形成与演化》,《地质评论》,1996年02期。

胥颐、钟大赉、刘建华:《滇西地区壳幔解耦与腾冲火山区岩浆活动的深部构造研究》,《地球物理学进展》,2012年03期。

郑兵、王双洪、王青华、杨洋、易天阳、马伶俐、蒲晓霞、蒋海涛:《滇西地区近期重力场变化与地震活动》,《大地测量与地球动力学》,2013年S1期。

王椿镛、楼海、吴建平、白志明、皇甫岗、秦嘉政:《腾冲火山地热区地壳结构的地震学研究》,《地震学报》,2002年03期。

李康、钟大赉:《滇西高黎贡断裂带糜棱岩的显微变形特征及其构造意义》,《岩石学报》,1991年03期。

葛美玲、封志明:《基于GIS的中国2000年人口之分布格局研究——兼与胡焕庸1935年之研究对比》,《人口研究》,2008年01期。

姜朝松、周瑞琦、姚孝执:《腾冲火山断裂构造》,《地震研究》,1998年04期。

韩新民、周瑞琦、周真恒:《腾冲火山地质研究述评》,《地震地磁观测与研究》,1996年06期。

叶建庆、蔡绍平、刘学军、王绍晋、蔡明军:《腾冲火山地震群的活动特征》,《地震地质》,2003年S1期。

穆桂春、刘淑珍、戴鹤之、孙兆明：《腾冲火山地貌》，《西南师范学院学报（自然科学版）》，1982年04期。

李培英、王嘉荣：《腾冲火山地热国家地质公园旅游开发研究》，《云南师范大学学报（自然科学版）》，2009年01期。

万登堡：《腾冲热海温泉群化学特征与形成机理研究》，《地震研究》，1998年04期。

冯春红：《云南省腾冲县地热温泉的特性与开发利用》，《水资源保护》，2013年05期。

舒相才：《腾冲县主要造林树种选择》，《林业调查规划》，2004年S1期。

朱春梅、岳彩荣：《基于GIS的云南高黎贡山南段景观变化特征分析》，《林业调查规划》，2014年02期。

沈立新：《高黎贡山生物多样性保护与社区林业发展的研究》，《云南林业科技》，2000年03期。

郭立群、李勇华：《高黎贡山和小黑山自然保护区功能分区探讨》，《云南林业科技》，2002年04期。

杜小红、辉朝茂、薛嘉榕、杨宇明：《高黎贡山国家自然保护区竹类植物及其保护发展对策》，《竹子研究汇刊》，1999年02期。

朱振华、毋其爱、杨礼攀：《高黎贡山自然保护区野生动植物资源现状及保护》，《林业科技》，2003年06期。

刀志灵、郭辉军：《高黎贡山地区杜鹃花科植物多样性及可持续利用》，《云南植物研究》，1999年S1期。

宋如窗：《高原米米之乡——保山》，《创造》，1998年01期。

高立士：《傣族悠久的稻作文化》，《版纳》，2006年02期。

赵善庆：《近代滇西商帮与滇缅贸易》，《东南亚南亚研究》，2014年2月。

徐娜：《西南山地传统商贸城镇文化景观演进研究》，中国优秀博、硕士学位论文全文数据库（CNKI），2013年。

耿德铭：《哀牢夷青铜器种类分说》，《保山师专学报》，2009年01期。

马维良：《云南回族马帮的对外贸易》，《回族研究》，1996年01期。

何光文、吴臣辉：《云南保山通向南亚地缘经济战略探析与对策》，《黑龙江史志》，2009年04期。

杨立鑫：《"西南丝路·永昌道"在保山开发史上的地位》，《保山师专学报》，2003年03期。

贾国维：《抗战时期滇缅公路的修建及运输述论》，《四川师范大学学报（社会科学版）》，2000年02期。

赵庆红：《云南省腾冲县滇滩铁矿成矿地质条件概述》，《低碳世界》，2013年18期。

尚映莲：《腾冲硅藻土矿床及其成因》，《云南地质》，2003年04期。

施玉北：《腾冲白石岩硅灰石矿床地质特征及成因探讨》，《云南地质》，1995年03期。

耿德铭：《保山古猿化石在人类起源研究中的地位》，《云南社会科学》，1994年01期。

中国国家地理杂志社：《中国国家地理（云南如此多样）》，中国国家地理杂志社，2002年10期。

张全辉：《从九隆神话看哀牢夷的历史文化演变》，《保山学院学报》，2012年03期。

何金龙、黄颖：《隆阳汉庄古城址勘探发掘报告》，《大理民族文化研究论丛》，2010年00期。

朱进彬：《明代保山军屯概说》，《保山学院学报》，2011年03期。

陈丽萍：《保山文化主要特点略论》，《保山学院学报》，2013年03期。

吴臣辉：《保山与东南亚南亚诸国的交往历程与华侨的形成》，《云南农业大学学报（社会科学版）》，2010年06期。

郭连锋：《保山端午花街的民俗功能流变》，《保山学院学报》，2013年03期。

肖正伟：《试析哀牢文化与哀牢犁耙会的渊源关系》，《保山学院学报》，2010年04期。

郭连锋、朱红林、刘定富：《哀牢犁耙会的民俗学考察》，《保山学院学报》，2008年03期。

杜韵红：《云南腾冲皮影艺术初探》，《"非物质文化遗产保护视野下的传统戏剧研究"国际学术研讨会论文集（下）》，2008年。

何永福、高灿仙：《神话传说与文化积淀——浅析九隆神话中的原始文化因素》，《大理学院学报（社会科学）》，2005年02期。

聂建平、李燕：《浅谈佤族清戏的艺术特征》，《科技信息》，2012年20期。

本书所涉区域的各级政府官方网站

中国知网

中国在线植物志

中国动物主题数据库

图片工作者

图片统筹：FOTOE/ 王敏   插图绘制：谢昌华　刘连英　唐凌翔

特约摄影：黄植明

图片提供：

CFP/FOTOE: 封面，P78 图

Qin Qing/ 中国特稿社 /FOTOE: P99 图

草草 /FOTOE: P27, 30, 31, 34, 39, 46, 50, 79, 82, 91, 99, 107, 136, 138, 165 图

陈安定 /FOTOE: P35, 88, 130, 135, 168, 178, 185 图

陈明佳 /FOTOE: P20, 78 图

邓启耀 /FOTOE: P176 图

董力男 /FOTOE: P78 图

范南丹 /FOTOE: 扉页，3, 23, 190 图

顾品宏 /PPBC: P89 图

胡明杰 /FOTOE: P24, 35 图

华国军 /FOTOE: P94 图

黄焱红 /CTPphoto/FOTOE: 封底，P5, 16, 137, 142, 157, 158, 160, 181 图

黄植明 /FOTOE: 封面，封底，P11, 30, 41, 48, 49, 52, 53, 56, 60, 61, 62, 64, 67, 68, 69, 73, 74, 76, 77, 78, 81, 83, 86, 103, 109, 112, 114, 115, 116, 117, 121, 122, 125, 127, 131, 133, 139, 140, 141, 145, 148, 152, 153, 154, 156, 162, 167, 173,

177, 183, 185, 191, 192 图

惠肇祥 /PPBC: P128 图

井韦 /CNSPHOTO/FOTOE: P186 图

邝然 /FOTOE: P150 图

黎明 /FOTOE: P31 图

李策宏 /PPBC: P91 图

李中 /CFP/FOTOE: P95 图

梁振兴 : P9 图

林可秋 : P59 图

刘冰 /PPBC: P133 图

刘德斌 /CFP/FOTOE: P39 图

刘建明 /FOTOE: 封面，书脊，封底，P4, 5, 6, 12, 18, 20, 26, 38, 44, 50, 51, 54, 57, 60, 78, 81, 85, 87, 100, 103, 110, 113, 115, 118, 131, 151, 160, 164, 165, 166, 173, 178, 180, 182, 187, 189, 195 图

刘朔 /FOTOE: P131 图

罗小韵 /FOTOE: 封面，P146 图

罗毅波 /PPBC: P78, 92, 93 图

马丽娅 /FOTOE: P31 图

人民图片 /FOTOE: P116, 178, 194 图

王景和 /FOTOE: P34, 38, 39 图

王立力 /FOTOE: 封底，P172, 173 图

王苗 /CTPphoto/FOTOE: P118, 120 图

王琼 /FOTOE: P96, 175 图

韦晔 /FOTOE: P97 图

魏德智 /FOTOE: P78 图

文化传播 /FOTOE: P194 图

向晓阳 /CFP/FOTOE: P39 图

萧良华 /FOTOE: P43 图

徐晋燕 /FOTOE: 封面，P39, 45, 118, 135, 137, 162, 163, 176, 184 图

徐晔春 /FOTOE: P130 图

徐晔春 /PPBC: 封面，P78 图

许旭芒 /FOTOE: P78, 93, 98 图

杨延康 /CTPphoto/FOTOE: P36, 104, 117, 119, 123, 165 图

张芬耀 /FOTOE: P90 图

张强 /CFP/FOTOE: P16, 39 图

张铨生 /CFP/FOTOE: P16 图

赵侠英 /CTPphoto/FOTOE: P5, 38 图

特别鸣谢（排名不分先后）

中国科学院兰州分院

中国科学院南海海洋研究所

中国科学院寒区旱区环境与工程研究所

中国科学院东北地理与农业生态研究所

重庆地理学学会

广西师范学院

广州地理研究所

贵州省地理学会

贵州师范大学

河南省科学院地理研究所

华南濒危动物研究所

华中师范大学城市与环境科学学院

江西师范大学

青海省地理学会

青海师范大学

山东省地理学会

山东师范大学人口·资源与环境学院

山西省地理学会

山西师范大学地理科学学院

西南大学地理科学学院

浙江省地理学会

中山大学图书馆